国家出版基金项目
NATIONAL PUBLICATION FOUNDATION

"十四五"国家重点出版物出版规划项目

"心理学视野中的突发重大公共安全事件应急管理"丛书 | 总主编 游旭群

突发重大公共安全事件
应急管理心理学导论

游旭群 等 编著

浙江教育出版社·杭州

图书在版编目（ＣＩＰ）数据

突发重大公共安全事件应急管理心理学导论 / 游旭
群等编著. -- 杭州：浙江教育出版社，2024.5
（心理学视野中的突发重大公共安全事件应急管理 /
游旭群主编）
ISBN 978-7-5722-7280-6

Ⅰ．①突… Ⅱ．①游… Ⅲ．①公共安全－突发事件－
心理干预－研究 Ⅳ．①B845.67

中国国家版本馆 CIP 数据核字 (2023) 第 248208 号

突发重大公共安全事件应急管理心理学导论

游旭群　等　编著

出版发行	浙江教育出版社
	（杭州市环城北路 177 号　电话：0571－88909719）
丛书策划	吴颖华
责任编辑	沈冰青
美术编辑	韩　波
责任校对	陈阿倩
责任印务	陈　沁
营销编辑	滕建红
封面设计	观止堂＿未氓
图文制作	杭州天一图文制作有限公司
印　　刷	浙江海虹彩色印务有限公司
开　　本	710mm×1000mm　1/16
印　　张	17.25
插　　页	5
字　　数	248 000
版　　次	2024 年 5 月第 1 版
印　　次	2024 年 5 月第 1 次印刷
标准书号	ISBN 978-7-5722-7280-6
定　　价	58.00 元

"心理学视野中的突发重大公共安全事件应急管理"丛书编委会

总主编：游旭群

副主编：李 苑

编 委：（按姓氏笔画排序）

兰继军 刘永芳 李 瑛

何 宁 姬 鸣

总　序

　　党的二十大报告指出："我们要坚持以人民安全为宗旨、以政治安全为根本、以经济安全为基础、以军事科技文化社会安全为保障、以促进国际安全为依托，统筹外部安全和内部安全、国土安全和国民安全、传统安全和非传统安全、自身安全和共同安全，统筹维护和塑造国家安全，夯实国家安全和社会稳定基层基础，完善参与全球安全治理机制，建设更高水平的平安中国，以新安全格局保障新发展格局。"特别是要着力健全国家应急管理体系，建立大安全大应急框架，加强国家区域应急力量建设。在这个过程中，心理建设是必不可少的重要方面。人民是应急管理工作关键的出发点和落脚点，而心理学则可以有效帮助我们更好地理解人民、服务人民。基于此，本套"心理学视野中的突发重大公共安全事件应急管理"丛书通过《突发重大公共安全事件应急管理心理学导论》《突发性公共事件中的心理管理》《突发重大公共安全事件应急管理中的社会公共安全文化建设》《突发重大公共安全事件行为引导》《重大公共安全事件中的风险感知与决策》《突发重大公共安全事件中的心理援助》六个分册，阐述心理学在推进国家安全体系和能力现代化建设、维护国家安全和社会稳定中的重要作用。

　　《突发重大公共安全事件应急管理心理学导论》分册基于总体国家安全观的思想指导，系统探讨应急管理心理学这一核心议题，特别是对突发重大公共安全事件应急管理中涉及的心理学关键性问题、标志性概念、前沿研究进展和先进管理实践，以及我国应急管理体系所面对的挑战和心理学在其中可发挥的作用等方面进行详细介绍。此分册从心理学的角度，为中国特色应急管理工作提供方式方法上的参考，为民众认知和应对突发重大公共安全事件提供知识经验上的支撑，为应急管理科学研究如何更好地服务于国家和人民提供思维思想上的启迪，进而促进我国社会治理水平高质量发展。

《突发性公共事件中的心理管理》分册是基于长期聚焦当代管理以人为本的价值思潮和未来学科发展与管理实践需求，逐渐形成的心理管理学思想向社会治理领域的延伸和推广，分不同专题论及突发性公共事件中普遍存在的社会心理现象之现状、成因、后果及对策。此分册的"总论"阐述基本理论观点及总体构想；"动机管理篇"分两章，分别探讨"价值取向管理"和"效用心理管理"问题；"认知管理篇"分两章，分别探讨"风险与决策心理管理"和"博弈心理管理"问题；"情绪管理篇"分两章，分别探讨"应激心理管理"和"心理安全感管理"问题；"社会心理管理篇"分两章，分别探讨"社会情绪管理"和"社会心态管理"问题。我们冀望此分册提供的观点、构建的体系和论述的内容能够对突发性公共事件乃至非此类事件中人们的心理管理起到抛砖引玉之效，为个人、组织和国家提供有科学依据的、系统的心理管理对策与方法，服务于社会心理服务体系建设，在重构和升级人们的认知及心智模式，逐渐达到"自尊自信、理性平和"之目标的进程中贡献一份力量。

《突发重大公共安全事件应急管理中的社会公共安全文化建设》分册立足社会重大风险管理中的公共安全事件，将行业安全文化提升到社会公共安全文化的范畴，围绕气候环境风险、社会风险事件和人为因素风险，梳理突发重大公共安全事件与社会公共安全文化之间的关系。此分册结合中国文化特征，从社会组织层面和个体成员角度，系统阐述社会公共安全文化的内涵、理论基础以及对社会重大公共安全事件的影响；从安全政策、安全管理、安全氛围以及安全文化机制角度，重点分析政府在社会公共安全文化中扮演的角色和引导机制；同时，还从安全态度、安全意识、安全价值、安全行为角度，揭示个体成员对社会公共安全文化的认知机制，阐明社会公共安全文化的评估方法及反馈机制。基于以上论述和分析，提出突发重大公共安全事件风险管理中的社会公共安全文化建设策略。此分册从心理学视角阐述社会重大风险管理中的社会公共安全文化，分析和揭示社会心理学中群体社会风险感知的形成机制和基于社会层面的公共安全文化的作用机理，从学术价值领域拓展和完善了社会风险管理相关理论。此分册的核心思想和观点可为社会重大风险动态评估、群体社会心理行为以及社会舆情的正确引导与管理提供理论依据和技术手段，对于政府在突发重大公共安全事件风险管理中科学高效地发挥社会职能具有重要意义。

《突发重大公共安全事件行为引导》分册根据提高公共安全治理水平，推动公共安全治理模式向事前预防转型的总体要求，及时有效地对卷入重大公共安全事件的群体及其行为进行干预、引导，加强社会公众应对重大公共安全事件的综合能力，对于减轻、消除突发事件引起的社会危害，迅速恢复社会秩序，避免群众的非理性行为引发更大的社会危机具有重要作用。为给突发重大公共安全事件中的公众提供行为引导策略，此分册从多学科视角出发，立足管理学、心理学、行为科学、安全科学领域，以"理论—机制—策略—体系"为脉络，积极回应现实需求。此分册将公众行为引导贯穿始终，各部分内容相互关联，层层递进，全景式展示突发公共安全事件中公众的行为引导策略。具体而言，此分册首先概述突发重大公共安全事件行为管理的意义、影响因素与相关政策，便于读者全面理解行为引导在应对突发重大公共安全事件中的重要性；其次，根据管理学与心理学相关理论，为突发重大公共安全事件的行为管理提供丰富的理论基础；再次，基于个体与群体在面对突发重大公共安全事件时的心理、行为与动机反应机制，对卷入突发重大公共安全事件的社会公众普遍会出现的心理应激反应、行为规律与潜在行为动机进行系统分析；之后，着重提出突发重大公共安全事件中行为引导的具体策略，分别从重大公共安全事件发展的时间进程、行为空间与地区差异视角，根据不同主体的特点，探讨适用于普通大众与残障人士的不同行为引导策略；最后，提出构建宏观、系统的行为管理制度与行为引导体系的建议，对于完善国家应急管理体系具有重要意义。

《重大公共安全事件中的风险感知与决策》分册尝试总结近年来国际和国内重大公共安全事件中风险感知与决策领域的理论和实证研究，旨在帮助读者理解重大公共安全事件中民众风险感知与决策的特征及影响因素，并为如何应对重大公共安全事件提供建议和政策参考。此分册结合历史上的重大公共安全事件，介绍个体和群体的不同风险感知特点对其风险决策的影响，共八章。第一章是概述，主要介绍重大公共安全事件中的风险与风险感知，以及风险决策的定义、特征和影响；第二章介绍重大公共安全事件中的信息传播与风险感知，结合案例，分析信息传播对风险感知的影响；第三章结合跨文化研究的成果，介绍文化差异对风险感知的影响；第四章和第五章分别从个体和群体层面，阐述风险偏好和团体决策在重大公共安全事件中对风险决策的影响；第六章和第七章总结重大公共安全事件中的风险决策机制及模型；第八章对重大公共安全事件中的风险决策管理进行讨论。此分册注重理论与实践相结合，既有深入的理论探讨，又有丰富的实践案例。

《突发重大公共安全事件中的心理援助》分册紧扣经济社会发展重大需求，基于学术研究成果与实操经验撰写而成。突发重大公共安全事件中的心理援助，是指在突发重大灾难中或者灾难发生后，心理或社会工作人员在心理学理论的指导下，对由灾害引起的各类心理困扰、心理创伤，有计划、有步骤地进行干预，使之朝着预期的目标转变，进而使被干预者逐渐恢复到正常心理状态的一切心理援助的过程、途径和方法。总体而言，我国突发重大公共安全事件中的心理援助具有政府与非政府机构并重、针对性与广泛性并存、共通性与文化特色并行等特点，对于维护个体和群体的心理健康、保障公共安全和社会稳定具有重大意义。此分册分析突发重大公共安全事件中心理援助的概念、特征与类型；介绍心理学、管理学等相关学科领域的心理援助理论模型；梳理开展心理援助的组织架构与实施体系；从认知—情感—行为、个体—群体、时间—空间、临床—非临床四个维度，探讨突发重大公共安全事件中的心理行为效应；说明开展心理援助的基本流程、常用模式与主要途径；以国内外典型突发重大公共安全事件为背景，总结心理援助工作实务方面的经验与不足。此分册内容兼具学理性与务实性，既注重实证分析，又注重人文关怀，为推进心理援助相关研究提供了有价值的参考，对于开展心理援助实践具有重要的指导意义。

总的来说，确保人民群众生命安全和身体健康是中国共产党治国理政的一项重大任务。特别是在面对突发重大公共安全事件时，党中央强调要发挥我国应急管理体系的特色和优势，借鉴国外应急管理的有益做法，积极推进我国应急管理体系和能力现代化建设。本套丛书正是依托心理学服务于国家和社会现实需求的重要学科能力，系统总结国内外应急管理心理学领域先进的知识、经验，力图实现心理学与其他多学科合力解决中国现实问题的重大学科发展目标。不足之处，还望大家批评指正！

游旭群

2023 年 12 月于西安

前　言

　　国家安全对于国家的稳定和社会的发展来说具有重要意义，党的二十大报告指出："从现在起，中国共产党的中心任务就是团结带领全国各族人民全面建成社会主义现代化强国、实现第二个百年奋斗目标，以中国式现代化全面推进中华民族伟大复兴。"而"国家安全是民族复兴的根基，社会稳定是国家强盛的前提。必须坚定不移贯彻总体国家安全观，把维护国家安全贯穿党和国家工作各方面全过程，确保国家安全和社会稳定"。尤其对于今日而言，"我国发展进入战略机遇和风险挑战并存、不确定难预料因素增多的时期，各种'黑天鹅'、'灰犀牛'事件随时可能发生。我们必须增强忧患意识，坚持底线思维，做到居安思危、未雨绸缪，准备经受风高浪急甚至惊涛骇浪的重大考验"。

　　本书在总体国家安全观思想指导下，系统探讨了应急管理心理学这一核心议题，特别是对突发重大公共安全事件应急管理中所涉及的心理学关键性问题、标志性概念，世界的前沿研究进展和先进管理实践，我国应急管理体系所面对的挑战及心理学在其中可发挥的作用等方面进行了详细介绍。本书希望从心理学的角度为中国特色应急管理工作提供方式和方法参考，为民众认识和应对突发重大公共安全事件提供知识和经验指导，为应急管理科学研究如何更好地服务国家和人民提供思维启发，力图促进我国社会治理水平向上向好发展。

　　本书的撰写得到了出版界同仁和课题组成员的支持。感谢浙江教育出版社集团有限公司吴颖华编审的筹划和推动，是她大量细致并且专业化的工作为本书的出版夯实了基础。感谢课题组成员李苑、潘盈朵、唐睿翼、李晨麟、王彤对大量文件和理论结构的梳理；感谢朱荣娟、历莹、王新野、王梓宇分别在国民安全感、政治安全与国土安全、军事安全、经济安全部分付出的心血，他们收集和整理了大量文献资料；感谢刘博、徐泉、秦奎元、惠琪分别在文化安全、社会安全、科技安全与信息安全、生态安全与资源环境安全部分的艰辛付出，他们进行了大量的研究和思考。

　　总的来说，本书是课题组基于学界前沿研究发现和团队过往研究成果完成的一项多学科融合研究工作。我们希望心理学能在满足国家重大现实需求和服务社会发展的更多场景中发挥更重要的作用，不足之处，还望大家批评指正！

游旭群

2024 年 3 月于西安

目　录

第一章
基于总体国家安全观的应急管理
心理学概述

第一节　我国应急管理体系建设的指导思想——总体国家安全观

　　国家安全对于国家的稳定和社会的发展来说具有重要的意义。总体国家安全观是对以往各种安全理论的合理继承与发展，是对安全观理论的极大丰富和创新，是习近平新时代中国特色社会主义思想的重要组成部分。从内涵的角度看，总体国家安全观就是一种运用系统思维，将国家安全状态能力及其过程理解为一个有机系统的观念体系，即从战略和全局的高度看待国家各层面各领域安全问题，统筹运用各方面资源和手段予以综合解决，实现国家安全多方面内容和要求的有机统一。总体国家安全观谋求的是构建集政治安全、国土安全、军事安全、经济安全、文化安全、社会安全、科技安全、网络安全、生态安全、资源安全、核安全、海外利益安全、生物安全、太空安全、极地安全和深海安全等于一体的国家安全体系。总体国家安全观的核心要义可以概括为五大要素和五对关系，五大要素是以人民安全为宗旨，以政治安全为根本，以经济安全为基础，以军事、文化、社会安全为保障，以促进国际安全为依托；

五对关系是指既重视发展问题又重视安全问题，既重视外部安全又重视内部安全，既重视国土安全又重视国民安全，既重视传统安全又重视非传统安全，既重视自身安全又重视共同安全（全国干部培训教材编审指导委员会，2019）。而贯彻落实总体国家安全观，关键就是要做到五个坚持：坚持统筹发展和安全两件大事；坚持人民安全、政治安全、国家利益至上的有机统一；坚持立足于防，又有效处置风险；坚持维护和塑造国家安全；坚持科学统筹。习近平总书记围绕总体国家安全观的重要论述（中共中央党史和文献研究院，2018）包括：

> "当前我国国家安全内涵和外延比历史上任何时候都要丰富，时空领域比历史上任何时候都要宽广，内外因素比历史上任何时候都要复杂，必须坚持总体国家安全观，以人民安全为宗旨，以政治安全为根本，以经济安全为基础，以军事、文化、社会安全为保障，以促进国际安全为依托，走出一条中国特色国家安全道路。"
>
> ——2014年4月15日，习近平在十八届中央国家安全委员会第一次会议上发表重要讲话

> "国家安全涵盖领域十分广泛，在党和国家工作全局中的重要性日益凸显。我们正在推进具有许多新的历史特点的伟大斗争、党的建设新的伟大工程、中国特色社会主义伟大事业，时刻面对各种风险考验和重大挑战。这既对国家安全工作提出了新课题，也为做好国家安全工作提供了新机遇。国家安全工作归根结底是保障人民利益，要坚持国家安全一切为了人民、一切依靠人民，为群众安居乐业提供坚强保障。"
>
> ——2017年2月17日，习近平在国家安全工作座谈会上发表重要讲话

"国家安全是安邦定国的重要基石，维护国家安全是全国各族人民根本利益所在。要完善国家安全战略和国家安全政策，坚决维护国家政治安全，统筹推进各项安全工作。健全国家安全体系，加强国家安全法治保障，提高防范和抵御安全风险能力。严密防范和坚决打击各种渗透颠覆破坏活动、暴力恐怖活动、民族分裂活动、宗教极端活动。加强国家安全教育，增强全党全国人民国家安全意识，推动全社会形成维护国家安全的强大合力。"

——2017年10月18日，习近平在中国共产党第十九次全国代表大会上的报告

"前进的道路不可能一帆风顺，越是前景光明，越是要增强忧患意识，做到居安思危，全面认识和有力应对一些重大风险挑战。要聚焦重点，抓纲带目，着力防范各类风险挑战内外联动、累积叠加，不断提高国家安全能力。"

——2018年4月17日，习近平在十九届中央国家安全委员会第一次会议上发表重要讲话

"要坚持党对国家安全工作的绝对领导，实施更为有力的统领和协调。中央国家安全委员会要发挥好统筹国家安全事务的作用，抓好国家安全方针政策贯彻落实，完善国家安全工作机制，着力在提高把握全局、谋划发展的战略能力上下功夫，不断增强驾驭风险、迎接挑战的本领。"

——2018年4月17日，习近平在十九届中央国家安全委员会第一次会议上发表重要讲话

"要加强党对国家安全工作的集中统一领导，正确把握当前国家安全形势，全面贯彻落实总体国家安全观，努力开创新时代国家安全工作新局面，为实现'两个一百年'奋斗目标、实

现中华民族伟大复兴的中国梦提供牢靠安全保障。"

——2018年4月17日，习近平在十九届中央国家安全委员会第一次会议上发表重要讲话

总体国家安全观不仅为国家安全工作提供了思想上和方向上的指引，同时也给各学科的国家安全研究提供了思维上的启发。总体国家安全观这一说法富有中国特色，它突出了"大安全"理念，这种"大"主要体现在国家安全含义的全面性、国家安全布局的系统性和国家安全效果的可持续性上。因此，贯彻落实总体国家安全观是一项系统工程，它不仅需要全民参与，更需要全学科参与。而本书拟着重探讨的就是心理学在国家安全体系的应急管理中的作用、关键问题及应用。

第二节　应急管理——从一国到世界的一项全球性工作

应急管理主要指的是国家政府对于突发重大公共事件的应对和处置，它是一个系统性的问题，涉及应急预案及管理体系的建设等多个方面。它不仅对一个国家的安全和稳定意义重大，对世界人民的安全也同样非常重要。目前，世界范围内的众多国际组织都将应急管理作为其重要的常规工作内容之一。例如，联合国（United Nations）、世界卫生组织（World Health Organization）、国际红十字会（International Committee of the Red Cross）、世界银行（World Bank）等国际组织都设有专门的应急管理工作部门，并制定详细的应急管理工作预案。它们往往在接到世界各地的突发公共安全事件求助后会紧急向当地派驻评估工作组和协调工作组等人员，并根据工作组的反馈快速制定援助方案并予以实施。其中，联合国和世界卫生组织不仅自身就具备针对世界范围内一些重大应急事件的处置能力，

它们还在应急管理的过程中扮演着非常重要的组织和协调的角色，它们会根据实际情况协调一些在突发重大公共安全事件上具备较强应对能力的国家对求助地的政府和人民进行援助，如我国的维和部队、国家救援队以及医疗团队已多次参与世界范围内的应急援助。

除了上述国际组织外，世界各国的政府还设有各自国家的应急管理部门。例如，澳大利亚政府设有应急管理局，主要用于应对热浪等极端气候灾害频发给本国人民所带来的安全威胁。加拿大的应急管理工作则是由公共安全部负责，并在全国范围内制定了《公共安全和应急准备法》（*The Public Safety and Emergency Preparedness Act*），成立了省一级的应急管理组织——加拿大应急措施组织（Emergency Measures Organizations）。德国的应急管理工作主要由联邦民防和救灾办公室负责，并设有专门用于应急处置的救灾援助、技术支持及民防项目，它们能够统一协调全国的消防、武装部队、联邦警察及各州的警察以应对突发公共安全事件。英国则着重在教育和立法层面开展工作以应对突发的公共安全事件，英国在2004年就制定了《民事紧急事态法》（*Civil Contingencies Act*）以明确各地方管理部门在应急管理中的职责。并且，英国还非常重视对于应急管理方面的学术研究及人才培养，国内不仅拥有应急管理研究所（The Institute of Emergency Management）、应急预案协会（Emergency Planning Society）及民事与应急管理研究所（Institute of Civil Protection and Emergency Management）等多个研究机构，还在大学开设专门的应急管理本科及研究生课程。美国也非常重视应急管理体系的建设。首先，美国非常重视应急管理预案的制定，因为美国为联邦制政府，各州在地理位置、财政预算、人员及设备等各方面条件差异很大。因此，美国政府不仅要求各州政府都要根据本州的具体情况制定详细的应急管理预案，同时甚至要求每个社区都应制定出适合自己社区的应急管理预案。在突发严重程度较低的公共安全事件时，所有应急管理工作均由当地政府的应急管理办公室（Office of Emergency Management）负责，而随着事件严重程度的升级，各州的应急管理局将会视情况接管负责权限，如果事件造成了特别重大的影响，美国国土安全部（Department of Homeland Security）下设的联邦应急管理局（Federal Emergency Management Agency）将会直接介入。此外，美国联邦政府还将全国本土划分为不超过十个主要的片区，并针对一些本土较常发生的公共安全事件制定重点应急管理预案，如风暴、流感以及恐怖袭击等。其次，美国联邦政府还非常重视社会公益组织在其中所发挥的作用，大量民间团体或组织在政府的应急处置活动中扮演着关键的角色。最后，和英国政府相似的是，美国联邦政府也在国内开展了大量的应急管理培训项目，以提高专业管理人员乃至所有民众在应急事件发生时的应对能力。

我国目前已经基本建立起了中国特色应急管理体系，这一体系的完备性具体体现在应急预案建设、应急管理法制建设、管理体制与机制建设这三个方面。首先，在应急预案建设方面，我国现已制定出以《国家突发公共事件总体应急预案》为总体预案的各级各类应急预案550多万件，如《国家突发公共卫生事件应急预案》《国家地震应急预案》《国家防汛抗旱应急预案》《国家自然灾害救助应急预案》《国家处置重、特大森林火灾应急预案》《国家处置铁路行车事故应急预案》《国家通信保障应急预案》等预案已在我国近些年的突发重大公共安全事件中发挥重要的作用。其次，就应急管理法制建设来看，应急管理部的数据显示，我国现已累计颁布实施《中华人民共和国突发事件应对法》《中华人民共和国安全生产法》等70多部应急管理法律法规，为应急管理工作提供了坚实的法律保障。最后，从管理体制与机制建设方面出发，我国已形成以党中央、国务院为最高领导和指挥机构，以"以人为本，减少危害；居安思危，预防为主；统一领导，分级负责；依法规范，加强管理；快速反应，协同应对；依靠科技，提高素质"为工作原则的"扁平化"组织指挥体系和防范救援救灾"一体化"运作体系。初步达到"构建统一指挥、专常兼备、反应灵敏、上下联动的应急管理体制，优化国家应急管理能力体系建设"的建设目标，充分发挥了中国特色社会主义制度的优越性。

第三节　心理学在应急管理中的作用和关键性问题

世界各国的政府都十分重视心理学在国家应急管理工作中的参与性，心理学在国家应急管理工作中发挥着非常关键的作用，包括直接作用和间接作用两个方面。

一、心理学在应急管理中的直接作用

很多重大的公共安全事件本身就是通过影响个体的心理而体现出其"灾难"的属性的。美国自然历史博物馆（American Museum of Natural History，AMNH）的一项系统统计研究显示，重大的突发公共安全事件能够对以下三类人产生非常严重的心理影响，这种心理影响可能表现为当下的心理创伤（psychological trauma）或创伤后应激障碍（Posttraumatic Stress Disorder，PTSD）。其中第一类人是主要的受害者或幸存者，也就是那些在事件中直接受到了损害和损失的个体；第二类人是参与当下突发公共卫生事件中的紧急救援人员，例如消防员、医护人员、警察以及社区工作人员等；第三类人员被称为替代观察者，也就是前两类人群的家人、朋友、认识他们的人，甚至可能只是看到了新闻报道中的相关事件而间接卷入其中的人，并且这个群体可能比预期得更多。由此来看，被重大公共安全事件影响个体心理的受众群体非常庞大。

不仅如此，这种心理创伤或者创伤后应激障碍所带给个体的心理影响同样非常严重。世界卫生组织指出，重大的公共安全事件会对个体的心理健康产生非常恶劣的影响。世界卫生组织对于39个国家的129项研究所做的统计分析表明，在过去10年经历过战争或其他地区冲突的群体中，有22%的个体会患上抑郁症、焦虑症、双向情感障碍或精神分裂症，并且其中每11个人中就有1个情况会极其

严重。此外，世界卫生组织还发现，这种重大公共安全事件不仅能像上述这样影响个体的心理健康，还会对个体心理有关方面的社会功能甚至躯体化功能等产生严重的影响。例如，紧急情况的发生能够导致个体出现家庭分离倾向、安全感缺失、社交回避、过度悲观与绝望、隐私泄露焦虑、食物缺乏焦虑、社会支持缺乏焦虑、压迫感、心理拥挤、心理疲劳、易怒、睡眠障碍、药物滥用、酒精成瘾、弥散性疼痛甚至自杀倾向等症状。

上述这些方面的症状均为心理创伤所带给个体心理及心理相关生理方面的影响，并且这种影响会在以下几个阶段带给个体不同程度持续性的消极作用。第一，预警阶段：很多自然灾害都可以预测，例如一些火山爆发，严重的风暴或洪水等，提前几个月就有可能被预警，而其带给个体心理方面的影响有可能自那时起就已经开始。第二，冲击阶段：例如当风暴来袭时或地震发生时，这是冲击阶段的开始。第三，行动阶段：这个阶段民众们多忙于应对紧急的突发事件，这个时候个体的心理影响还无法充分体现出来，很大一部分原因在于个体根本无暇顾及。第四，恢复前阶段：这个阶段所有的信号都指向事件积极的发展方向，个体一方面开始能够感受到当前紧急情况将要结束的希望，另一方面一些负面的心理创伤也开始逐渐显现。第五，过渡阶段：这个阶段介于恢复前阶段与恢复阶段之间，并且有时因事件和个体的不同而无法表现出清晰的界限性。这个阶段个体多开始陷入沉思，会不断回想事件发生的过程并审视自己的损失。人们此时能够较客观地意识到发生了什么或者自己经历了什么，但是在审视损失的时候往往无法表现出客观与平静，如失去家人、朋友或同事，重大的经济损失，带有情感依恋的收藏被破坏，以及躯体的创伤等，这个阶段个体的心理以及和心理相关的躯体问题往往会集中性地爆发。第六，恢复阶段：这个阶段同样因人和情况而定，不同事件中的不同个体会表现出不同的恢复状态，也可以理解成不同的心理应激事件，比如在大量事件中女性都被发现易受到长期持续性的心理创伤或创伤后应激障碍的影响。

二、心理学在应急管理中的间接作用

心理学除了在突发重大公共安全事件应急管理中对个体心理产生直接影响外，它还在整个应急管理的体系和应对过程中有着重要的间接作用。其典型的间接作用包括：

（一）应急管理中的教育、选拔与训练活动

选拔与训练实际上可以作为整个教育活动的一部分，当然，在应急管理体系的建设中也可以作为单独的部分被提出。就像前面提到的那样，世界各国都十分重视针对专门的应急管理工作人员、政府人员、专业的研究人员、学生乃至整个民众群体的应急管理教育活动，因为应急管理是一项庞大的系统工程，需要所有卷入和参与其中的个体通力合作才能更好地应对。如果说应急预案以及应急管理工作体制和机制是应急管理工作的骨骼，那么应急管理中的教育活动就是其中的肌肉，帮助整个应急管理体系成为一个更完整并有效的系统。换句话说，如果没有良好的应急管理教育工作作为配合和辅助，一切看似完备的应急管理体系都形同虚设，无法发挥出真正的作用。教育活动主要包括了两个方面，一个是"教"的方面，一个是"学"的方面，而"教"和"学"的过程正是心理学主要研究的问题之一。一方面，从前面"教"所对应的教学体系建设方面来说，如何建设我国应急管理体系中的教育管理体系、师资培训体系、课程教材体系、教育结构体系，甚至可以细化为如何在人员选拔活动过程中建设选拔指标与胜任力特征体系和人才预测体系，以及如何在培训活动中完成教学设计、课程发展和课堂管理等，这些都是非常典型的心理学研究问题。另一方面，从"学"所对应的学习体系建设方面来说，如何从长期应急管理专业人员素质教育和短期应急管理突发紧急培训这两个层面，建设起适合我国国情并能够促进个体学习行为产生和学习效果提升的应急管理教育体系，这其中需要大量心理学方面个体学习理论的支撑。而心理学中包括联结

学习理论、信息加工学习理论、认知结构学习理论、格式塔学习理论、认知同化理论、社会学习理论以及人本主义学习理论在内的教育心理学学习理论，能够为我国教育管理体系的建设提供心理学的支持。最后还要特别指出的一点是，在新冠疫情的应对过程中，我国的制度优势在很大程度上彰显了国家在应对此类重大公共卫生事件时的能力，不过仍然存在一些不足和问题，需要不断总结，例如一些工作人员因经验不足而导致的领导力方面的问题。习近平总书记也多次强调"应急管理是国家治理体系和治理能力的重要组成部分"。因此，进一步优化国家应急管理能力体系建设，提高国家防灾减灾救灾能力，越来越成为人们的普遍共识。如何提升领导干部在应急管理中的领导力，从而更好地提升国家治理水平，这也是心理学研究工作者，特别是领导力研究领域的学者今后需要更进一步深化的问题。

（二）应急管理中个体间的合作

应急管理工作往往需要多部门和多专业工作人员联动。因此，个体、团队和机构间的合作行为成为决定应急管理工作效率的基础。事实上，人类间的合作行为在很多时候都没有想象中那么简单。美国《科学》（Science）杂志在创刊125周年所提出的人类125个前沿科学问题里，"人类的合作行为"位列其中。人类的合作行为是心理学长期以来的热点研究问题之一，在一些区别于日常情境的特殊情况下，个体间的合作行为会变得非常困难和复杂，这种特殊情境可以是与生存高度相关的危险情境，也可以是与经济利益有关的商业决策情境。随着情境特殊性的变化，或者个体间在权威水平或权利水平上差异的提升，个体间的合作行为会变得困难且多变，也就是个体在做出合作决策的时候会更容易受到外界因素的影响。而合作行为又恰恰是决定应急管理工作团队绩效的最核心的因素之一。克里斯汀（Christine，2014）和海瑟（Hayes，2012）研究发现，团队熟悉度是影响团队工作绩效的关键原因，随着团队熟悉度的增加，团队绩效会呈非线性的递增趋势，并且经过团队合作训练的集体表现出最优的团队工作绩效。这种熟悉度在低熟悉度团队中表现为普通的关系交互，而在高熟悉度团队中则表现为更成熟的团队协调和知识共享水平。因此，在应急管理的团队合作训练中应着重关注团队认知层面的提升而不仅仅是表层的关系交互。当然，还需要更广泛地开展更具针对性或面向特殊情境和特殊任务的应急管理团队合作行为研究。

（三）个体在应激条件下的心理与行为

应激会导致个体的认知能力下降，进而影响个体的行为表现。无论是对于正处于突发事件中心的个体，还是对于参与援助的个体，甚至对于通过新闻媒体关注该事件的公众，他们的行为绩效都有可能受到这种应激刺激的影响。克里斯汀（Christine，2014）在对17项应激与个体行为的研究进行加权统计后发现，应激状态能够导致个体的知觉运动技能（perceptual motor skills）平均下降29%，注意控制能力（attentional control）下降39%，记忆功能（memory functioning）下降33%，推理、判断和决策能力（reasoning，judgement and decision making）下降21%。要知道，在危机发生的紧要关头，个体的认知功能下降是非常可怕甚至致命的。因此，通过心理学的手段帮助个体缓解因应激所带来的机体生理和心理的紧张状态，无论是对于危机中心的个体还是对于参与应急援助的个体都是非常必要和关键的。

（四）应急管理中的问题思维

心理学在应急管理工作中还有一项特殊的作用，那就是帮助相关个体识别和应对认知偏差问题。认知偏差是一种在应急管理过程中经常出现的问题性思维表现，例如，荣格等人（Jung et al.，2014）的一项研究发现，美国国家飓风中心为飓风所起的名字会在一定程度上决定该飓风所造成的损失。原因在于国家飓风中心为飓风起的名字会带有一定程度的心理暗示作用，也就是说为飓风起的名字越女性化，负责应急管理的相关人员和民众对该飓风的风险感知意识以及预警与防备心理会降得越低，这很容易造成因准备不足而导致的恶劣后果。事实上，除了上述案例外，人们在应急管理中还十分容易出现诸如证实性偏差、过度自信、经验依赖、信息化数据信任不足等诸多思维方面的问题，这些在思维层面的认知偏差问题将会对个体和团队在整个应急管理过程中的行为绩效产生巨大的影响，而这种影响则会直接威胁到整个应急管理体系的运行效果。韦克和萨克来夫（Weick & Sutcliffe，2007）曾针对如何避免认知偏差性思维这一问题给出了一些目前被广泛使用的建议。第一，专注于失败。应急管理中的指挥和决策人员应更多地将注意力集中在有可能失败的地方上，这样将会让有可能导致失败的情况或因素更容易被察觉，并且可以避免因盲目自信和乐观所带来的情绪方面的影响。第二，尽量不要简化工作流程。简化工作流程有可能导致潜在的问题被掩盖，并且导致决策人员对于工作环境的复杂性和工作预期把握不准确的情况发生。第三，对任何行动过程保持敏感性。应急管理人员应时刻关注应急处置一线的任何行动，并对随时可能发生的异常情况和有可能造成的意外后果做出评估并做好准备。第四，尊重专业知识。应急管理中的任何指挥和决策人员在应急处置的过程中，应首先尊重信息来源的准确性和专业性，也就是优先采纳对现场情况最了解和专业研究经验最丰富的参与人员的意见和建议，而不是遵循工作人员级别优先的工作方式。

（五）应急管理中人员的工作负荷和疲劳

因为应急管理工作的特殊性，当重大公共安全事件突发时，各级各部门工作人员往往会在短时间内超负荷工作，即需要承受更高水平的工作负荷，并会产生极大的疲劳感。工作负荷主要包括体力负荷和心理负荷两个方面，其中心理负荷主要由以下几个工作方面所决定：脑力需求，在任务执行过程中因任务难易程度、复杂程度、条件苛刻程度不同而需要涉及的思维、计算、记忆、搜索和决策活动心理资源投入水平；时间需求，任务完成速度或节奏等所带来的时间压力紧迫感；作业绩效，对于已完成工作的自我满意评价程度；努力程度，在执行任务过程中的意志保持水平；挫折程度，在工作完成过程中的挫折感、沮丧感、不安全感等。如果工作负荷超出了个体所能承受的水平，个体将会出现非常严重的心理疲劳现象。典型性的心理疲劳状态可表现为无力感增加、思维和记忆障碍、注意力资源调动困难、感觉失调、动作协调性丧失以及动机缺乏等特征。因此，在整个应急管理体系建设的各个方面，无论是工作任务设置还是信息化中央指挥系统的设计，都应充分考虑个体在开展工作时的使用体验和可持续性。以应急管理中央指挥系统的信息化显示界面设计为例，应充分考虑个体在进行信息认知加工和决策活动过程中的心理特点，以人为中心开展设计。显示界面的设计应符合人类的基本认知习惯，也就是在刺激信息显示的强度对比、颜色对比、运动对比、显示格式的简约性、单位时间内的信息显示量、信息编码维度及信息余度、显示符号的大小甚至亮度和最佳观测距离等方面都要充分考虑使用者的认知特点。显示器的精度应与个体的工作任务和职责相匹配，显示精度过低会影响整个应急管理工作的开展和运行，而显示精度过高会导致工作人员出现读取困难或认知负荷过载的情况。因此，要采取适合的综合显示设计方案，尽量将关联度高的信息在模块化的显示系统中集中体现，尽可能提高显示效率。最后，还应在显示系统中提供人工智能决策辅助显示系统。作为整个应急管理系统的大脑，信息化中央指挥系统的设计应具备辅助决策的功能，也就是可以自动锁定一些变化较大的信息或将突发的情况等重要信息突出显示和提醒，从而帮助监控人员和指挥者减少认知上的投入，将更多的心理资源投入对情境的判断和形势的把握当中，由此做出更合理的临场决策。

三、应急管理中的心理学关键性问题

心理学虽然在当今世界的众多国家和地区的重大公共安全事件应急管理工作中发挥着重要的直接作用和间接作用，但仍然有一些关键的问题有待进一步研究和解决：

（一）应急管理中心理学工作的专业性问题

目前世界范围内的应急管理组织都十分重视心理学方面工作体制和机制的建设，世界卫生组织和美国心理协会（American Psychological Association，APA）等组织都呼吁关注相关方面的关键性问题。心理学工作在应急管理中的专业性问题被认为是决定整个应急管理体系运行效率的重要因素之一。很多国家都会针对突发事件的性质派出应急管理专家指导组，而心理学专家在美国、澳大利亚以及西班牙等国家是专家组的常规配置之一，这样可以进一步提高专家组在应急管理如培训、新闻、医疗、组织管理、指挥决策及临场应变等众多方面的指导效率，从而帮助专家组的工作发挥出最大的作用。APA还特别指出，应急管理中的心理学工作者应在应急响应效率、行动方案设置以及援助目标群体的锁定方面予以重视，因为更精准、快速和专业的心理援助工作能够在应急管理中起到非常关键的作用。我国目前在上述这些方面已经取得了长足的发展，提高对应急管理中心理工作专业性的重视则会将我国的制度优势提升到全新的高度。

（二）应急管理中群体层面的民众心理与行为研究问题

各个国家的国情不同，因此，对于世界先进的应急管理经验，既不能全盘接受也不能全盘否定，要将科学的方面与我国的国情相结合，服务于中国特色社会主义应急管理体系的建设。相较于世界上众多国家，我国的一个非常显著的特点就是幅员辽阔、人口众多，这也决定了我国在面对突发重大公共卫生事件方面形势的复杂

性以及开展相应应急管理工作的困难性。所以，在很多时候我们不能像一些人口较少的国家一样仅重点关注个体层面的心理援助工作，而应该在力争更全面开展个体层面工作的同时注重集体层面的心理援助工作。实现这一点就需要科研工作者针对突发公共卫生事件发生时的群体行为规律及影响机制开展大量的研究工作，并且还要重点关注新闻与传播心理学在其中所能起到的作用以及如何更好地发挥作用。就前一点群体行为方面的问题来说，集体行为是一把双刃剑，它既能助推国家的应急管理工作，也有可能成为瓦解国家治理体系的重大不安定因素。党的十九届四中全会中提到，"建设人人有责、人人尽责、人人享有的社会治理共同体"。所以，如何在社会治理共同体思想的指导下建立起应急管理共同体的工作体系，是解决好我国应急管理工作的关键问题所在。而从新闻与传播心理学的角度来看，通过这次新冠疫情可以发现，民众的社会心态在疫情防控期间受到了很大的影响，例如，很多民众因为长期关注与疫情相关的信息而出现了过度紧张、焦虑、恐慌、疑病甚至躯体障碍等方面的情况。这其中很大原因在于个体的心理具有很强的受暗示性以及心境具有很大的弥散性，所以在疫情防控期间民众出现了很多舆论性恐慌的情况。因此，这场疫情防控战也被称作一场舆论战和心理战。更好地发挥新闻与传播心理学在应急管理中对民众层面社会心态和群体行为支持方面的作用，对于我国而言意义重大。

（三）基于人因学的应急管理体系建设问题

决定应急管理体系工作成败的另一个重要方面的问题就是人因学问题。事实上很多的应急管理系统失效、应急管理人员失能、突发事件引发的衍生事件和二次伤害都是人因学问题，即都是由人的因素所导致的。同样对于我国而言，解决好应急管理体系建设中有可能面对的人因学问题是真正意义上完成好这项工作的基础之一。从现代人因学的角度出发，研究者提出人因是一切与人有关的工作系统在设计和运行过程中需要考虑的最大问题，只有更好地认识到了人类在认知活动、情感活动、思维和意志活动等方面的局限性，才能更全面地理解人与机器和环境的关系以及人在整个工作体系中的行为规律和结果。我国著名科学家钱学森先生也提到："一类复杂巨系统是社会系统，组成社会系统的元素是人。由于人的意识作用，系统元素之间关系不仅复杂而且带有很大的不确定性，这是迄今为止最复杂的系统。"因此，只有充分考虑到整个应急管理体系中的人因问题，才能建设出更高效的应急管理体系。目前在这一方面，美国和澳大利亚等国家做得比较完备，例如美国联邦政府要求美国的国家公路交通安全管理局、汽车工业协会、国防部、参与政府医疗保险计划的医院等机构都要参照美国国家航空航天局和联邦航空管理部门的人因分析与分类系统（Human Factors Analysis and Classification System，HFACS）完善各自领域内的应急管理系统。近年来我国人因学研究不断发展，特别是航空安全领域取得了很大进展，未来人因学研究人员应在我国的应急管理体系建设中继续开展更加深入的研究，从而帮助现有应急管理体系中的预警系统、直报系统、指挥和事故分析系统提升工作效率。

本书希望为参与我国应急管理工作的各级各部门工作人员以及公共组织和机构的志愿援助人员提供建设应急管理体制和机制的建议，并在工作方式和方法层面提供价值参考和理论支持；为社会民众提供更多的有关突发事件应对的专业知识和间接经验，帮助他们更全面地了解和认识个体在突发事件中的心理与行为规律；为应急管理研究领域的各学科研究人员提供研究思想和关注问题方面的启发，从而实现科学研究服务于国家和人民的科研工作使命。

参考文献

全国干部培训教材编审指导委员会．（2019）．全面践行总体国家安全观．北京：人民出版社，党建读物出版社．

中共中央党史和文献研究院.（2018）.习近平关于总体国家安全观论述摘编.北京：中央文献出版社.

Christine, O. (2014). Human Factors Challenges in Emergency Management. Burlington, WXZO: Ashgate Publishing Company.

Hayes, P. A. J. (2012). Bushfires and other emergencies: Do incident management teams that have worked together make better decisions?(Unpublished doctoral thesis). La Trobe University: Melbourne.

Jung, K., Shavitt, S., Viswanathan, M., & Hilbe, J.M.(2014). Female hurricanes are deadlier than male hurricanes. Proceedings of the National Academy of Sciences, 111(24): 8782−8787.

Weick, K. E., & Sutcliffe, K. M. (2007). Managing the unexpected: Resilient performance in an age of uncertainty (2nd ed.). San Francisco, CA: Jossey−Bass.

第二章
国家安全与国民安全感

　　《周易·系辞下》中的"君子安而不忘危，存而不忘亡，治而不忘乱"、《三国志》中的"明者防祸于未萌，智者图患于将来"等思想，以及儒家的"仁者爱人"和"民贵君轻"等民本思想，体现了我国国家安全思想的核心——居安思危和防患未然，以及治国安邦的理念——以民为本、以和为贵。这些朴素的思想是我国总体国家安全观形成的基础。只有确保国家长治久安与繁荣昌盛，百姓才能安居乐业，过上幸福的生活，并且具备生理、心理和社会的安全感。同时，人民的生活满足感和踏实感，以及对国家和社会的信任感和安全感，又将促进国家的和谐发展。两者相互影响、相互促进，国安则民安，民安则国强。

第一节　国家安全

一、国家安全的内涵及其范围

　　"国家安全"这一概念最早由美国知名舆论学家沃尔特·利普曼于1943年提出，当时，美国学界仅仅将其定义为有关军事力量的威胁、控制和使用（Murphy，2017）。随着人们对国家安全的认识和理解的不断深入，国家安全的内涵和外延也不断扩展，由最初以军事安全为核心的国家安全观逐渐发展为包含经济、政治、文化、社会和科技等方面的总体国家安全观（Chandra & Bhonsle，2015）。其中，政治安全、军事安全和国土安全被称为传统安全，而科技、经济和文化等方面的安全则被称为非传统安全（Victoria，2019）。学术界对国家安全进行了一系列研究，并针对其概念提出了不同观点。一种观点从本国应对外界威胁的角度阐述国家安全，认为国家安全是指维护国家主权和领土完整，确保经济平稳发展，防止国家政治、军事和经济体系受到外界威胁（Stevens & Vaughan-Williams，2016）。另一种观点从国内和国外的视角阐述国家安全，认为国家安全是指外部未受到威胁且内部和谐发展的稳定状态（张文木，2012；Macfarlane，2012）。综合学界两种不同观点，本书将国家安全定义为国家政权、主权、统一和领土完整，人民福祉，经济社会可持续发展和国家其他重大利益相对处于没有危险和不受内外威胁的状态，以及保障持续安全状态的能力。

　　国家安全的范围非常广泛，涵盖了政治、军事、经济、文化、社会、科技、生态等方面。在政治方面，国家需要保障政治稳定和政府权威，维护国家政治体制的稳定性和合法性，防范和打击国内外的政治犯罪和颠覆活动；在军事方面，国家需要保障国家军事安全和防御安全，提高军队的战斗力，维护国家领土完整和国家安全利益；在经济方面，国家需要保障经济安全和发展利益，防范和化解金融风险、粮食风险、能源风险等问题，推动经济结构调整和转型升级；在文化方面，国家需要保障国家文化安全和文化传承发展，防范和打击文化侵权和盗版行为，维护国家文化主权和文化软实力；在社会方面，国家需要保障社会和谐稳定和人民安居乐业，防范和打击社会犯罪和暴力事件，保护人民合法权益和社会公平正义；在科技方面，国家需要保障科技安全和发展利益，防范和化解网络安全威胁和信息泄露等问题，推进科技创新和产业发展；在生态方面，国家需要保护和恢复生态系统的结构和功能，提高生态系统对自然灾害和人为干扰的抵御能力，维护国际生态秩序。在国家安全范围中，政治、军事、经济、文化、社会等方面是相互交织、相互影响的，任何一个方面的问题都可能对国家安全造成不同程度的影响。因此，对国家安全工作必须全面、系统、科学地进行规划和实施，以保障国家的整体安全。

二、国家安全的特征

（一）复杂性

国家安全面临着多种多样的威胁和挑战，涉及政治、军事、国土、经济、文化、社会、科技、网络、生态等多个领域。这些威胁和挑战既有来自外部的侵犯和干涉，也有来自内部的破坏和动荡；既有传统的军事对抗和领土争端，也有非传统的恐怖主义和网络攻击；既有突发的危机事件和灾害事故，也有潜在的风险隐患和结构性矛盾。这些威胁和挑战相互交织、相互影响，对国家安全构成了严峻考验。

（二）动态性

国家安全受到时代发展和世界变局的影响，具有不断变化和演进的特点。随着科技进步和经济全球化，国际社会联系日益紧密，各国利益交融深化，同时也出现了各种矛盾冲突和竞争对抗。随着我国综合国力的提升和国际地位的提高，我国在维护世界和平与促进共同发展中发挥了重要作用，同时也面临着更多更大的外部压力和挑战。随着我国改革开放和社会主义现代化建设的深入推进，我国经济社会发展取得了巨大成就，同时也暴露出了一些问题。总之，国家安全形势不断变化，需要我们时刻保持清醒的头脑，及时应对新情况新问题。

（三）主动性

国家安全防范需要主动出击，采取积极有效的措施，防患于未然，将危机化解于萌芽状态。政府不能等到危机爆发才去应对，不能等到问题恶化才去解决，不能等到敌人进攻才去反击。国家需要主动制定国家安全战略和政策，主动构建国家安全体系和提升安全维护能力，主动参与国际合作与竞争，主动防范化解各类风险挑战。政府要坚持以预防为主、以防范为重、综合施策、标本兼治的方针，做到未雨绸缪、稳中求进、敢于斗争、善于斗争。

（四）共同性

国家安全不仅关乎一个国家或地区的利益，而且关乎各国和人类的共同利益，需要各方共同参与和维护。在当今世界，各种跨国性、跨地域性、跨领域性的问题日益突出，如气候变化、能源资源、网络空间、生物安全等。这些问题不仅威胁到一个国家或地区的安全，而且影响到整个人类社会的安全。因此，我们要坚持共建人类命运共同体的理念，在维护自身安全利益的同时，尊重他国合法安全利益，在处理自身安全问题的同时，积极参与解决全球性安全问题，在推进自身安全发展的同时，努力促进共同安全合作。

三、国家安全的重要性

国家安全是安邦定国的重要基石，维护国家安全是全国各族人民的根本利益所在。在当今国际环境中，各种风险和挑战层出不穷，国际竞争和冲突加剧，各种非传统安全问题不断涌现，给国家安全带来严峻挑战。因此，国家安全工作的重要性愈发凸显。

首先，国家安全是一个国家生存和发展的重要基石。一个国家的安全水平，直接关系到其生存和发展的前途和命运。没有国家安全的保障，国家将面临来自内外部的各种威胁和挑战，这些威胁可能包括恐怖主义活动、颠覆性行动、外部军事侵略、外部经济制裁、网络攻击以及环境灾害等。因此，国家安全工作必须成为国家工作的中心内容和优先事项，不断提高防范和应对各种安全风险的能力。

022 | 突发重大公共安全事件应急管理心理学导论

其次，国家安全是国家主权和尊严的重要体现。一个国家的安全不仅仅是保障其本土安全和公民生命财产安全，也涉及国家在国际上的地位和影响力。一个国家的安全受到外部势力的威胁和侵犯，将损害其主权和尊严。因此，国家安全工作必须坚决维护国家的主权和尊严，反对任何形式的干涉和侵害，维护国家利益和荣誉。

再次，国家安全是国家稳定和社会安宁的重要保障。一个国家的安全水平直接关系社会的稳定和安宁水平。如果国家安全受到威胁和侵害，社会秩序将受到严重影响，人民的生命财产安全将受到威胁。因此，国家安全工作必须加强对各种安全风险和威胁的预测和防范，切实维护社会的稳定和安宁，促进社会公平正义和民族团结。

最后，国家安全是国际和平与发展的关键支撑。国际和平与发展是当今世界的主题，各国需要共同努力，维护国际和平与稳定，促进共同发展。因此，各国必须积极参与国际合作，推动建立公正、合理、有效的国际安全体系，共同应对各种安全威胁和挑战，推进构建人类命运共同体。

四、国家安全的影响因素

国家安全是国家生存发展的基本前提，维护国家安全是指维护国家主权、统一、领土完整、民族利益、人民福祉、文化传承、社会稳定等方面不受外来侵害和内部破坏的能力和状态。国家安全受到多种因素的影响，其中既有客观的自然因素，也有主观的人为因素；既有来自外部的国际因素，也有来自内部的国内因素。

（一）自然因素

自然因素是指地理环境、气候变化、资源禀赋、生态系统等与国家安全有关的自然条件和现象。自然因素对国家安全的影响主要表现在以下几个方面：

地理环境对国家安全的影响。地理环境是指一个国家所处地域的地理位置、地形地貌、水域分布等自然特征。地理环境对一个国家的安全形势有着重要影响，它可以成为一个国家的优势或劣势，也可以为一个国家提供机遇或带来挑战。例如，我国拥有辽阔的陆域和海域，这既为我国提供了丰富的资源和发展空间，也为我国带来了维护领土主权和海洋权益的艰巨任务；我国有14个陆上邻国，与6个国家隔海相望，这既为我国提供了与他国友好合作和互利共赢的机会，也为我国带来了处理边界问题和防范外部干涉的压力。

气候变化对国家安全的影响。气候变化是指由自然或人为因素导致的地球气候系统发生的长期或短期变化。气候变化对一个国家的安全形势也有着重要影响，它可以引发一系列自然灾害和社会问题，威胁到一个国家的生存发展和人民福祉。例如，全球变暖导致极端天气事件频发，如干旱、洪涝、风暴、海平面上升等，这些灾害不仅造成人员伤亡和财产损失，还可能引发粮食危机、水资源危机、疾病流行、难民潮等社会问题，进而导致政治动荡、经济衰退、民族冲突等安全危机。

资源禀赋对国家安全的影响。资源禀赋是指一国拥有或可利用的各种生产要素，包括劳动力、资本、土地、技术、管理等方面。资源禀赋对一个国家的安全形势也有着重要影响，它可以为一个国家提供发展动力也可以成为限制其发展的制约因素。例如，我国拥有丰富多样的自然资源和庞大勤劳的人口，这为我国经济社会发展提供了强大支撑；但同时我国也面临着能源短缺、环境污染、人口老龄化等问题，这给我国经济社会发展带来了挑战。此外，我国在一些重要资源领域还存在依赖外部市场和供应链的风险，这给我国经济社会安全带来了挑战。

生态系统对国家安全的影响。生态系统是指由生物群落与其所处环境相互作用而形成的动态整体。生态系统对一个国家的安全形势也有着重要影响，它可以为一个国家提供生存保障，也可能成为危害因素。例如，健康稳定的生态系统，可以为一个国家提供清洁空气、优质水源、多样物种等生态服务，维持生命健康和社会稳定；但受到自然或人为干扰后，生态系统可能出现退化、崩溃等现象，导致生物多样性丧失、土地荒漠化、森林火灾等灾难性后果，危及人类生存发展和社会稳定。

（二）人为因素

人为因素是指由人类活动产生或引起的与国家安全有关的条件和现象。人为因素对国家安全的影响主要表现在以下几个方面：

国际政治因素。国际政治因素是指各个主体在世界政治舞台上所表现出来的意识形态倾向、战略目标、外交政策等政治属性。国际政治因素对一个国家的安全形势有着重要影响，它可以推动国家进步，也可以制约国家的发展。例如，在当前世界百年未有之大变局中，一些西方国家以"美式民主""普世价值""规则秩序"等概念为幌子，在政治上打压排斥中国特色社会主义制度，在战略上遏制中国崛起，在意识形态上污名化中国道路模式，在领土问题上干涉中国内政、挑衅中国正当权益，在多边机制中阻挠中国参与全球治理，在重大议题上否定中国贡献以及和平发展的正义主张等，这些都是对我国国家安全的严重威胁。

国际经济因素。国际经济因素是指各个经济体在世界经济舞台上所表现出来的经济实力、经济关系、经济政策等经济属性。国际经济因素对一个国家的安全形势也有着重要影响，它可以为一个国家提供发展机遇，也会给国家带来新的挑战。例如，当前世界经济正处于深刻调整和转型之中，新一轮科技革命和产业变革正在孕育兴起，新兴市场国家和发展中国家在世界经济中的地位和作用不断提升，多极化、经济全球化、社会信息化、文化多样化等趋势在深入发展，这些都为我国经济社会发展提供了广阔空间和有利条件；但同时，世界经济复苏乏力，贸易保护主义、单边主义、逆全球化思潮抬头，国际金融市场动荡不定，能源资源价格波动剧烈，跨国公司垄断竞争加剧，贫富差距扩大，区域性热点问题此起彼伏，这些都给我国经济社会发展带来了不确定性和风险挑战；此外，一些西方国家为维护其霸权地位和利益集团的利益，不惜采取各种手段在世界经济中打压排挤我国，在贸易、投资、金融、汇率、知识产权等方面通过所谓的制裁、封锁等手段对我国施加压力和限制，在高科技领域对我国实施封锁和围堵，在重大项目和基础设施建设中对我国实施干扰和破坏，在"一带一路"倡议中对我国实施诋毁和抵制，在区域自由贸易协定中对我国实施排除和孤立，在全球治理机制中对我国实施削弱和边缘化，在重大议题上对我国实施否定和抵制，等等，这些都是对我国经济社会安全的严重威胁。

国内政治因素。国内政治因素是指一个国家内部所存在的政治制度、政治文化、政治秩序、政治参与等政治现象。它们对国家安全形势具有重要影响，既可以为国家安全提供保障，也可能引发国家安全风险。例如，中国特色社会主义制度是我国国家安全的根本制度保障。这符合我国历史发展规律和现实条件，是维护国家长期稳定发展的最大优势。同时，我们也要坚持改革创新精神，不断完善国家安全治理体系，提升国家安全能力。

国内社会因素。国内社会因素是指一个国家内部所存在的社会结构、社会关系、社会心理、社会文明等社会现象。国内社会因素对一个国家的安全形势也有着重要影响，它可以构成凝聚力量，也可以成为国家分裂因素，它可以成为一个国家进步发展的源泉，也可以是阻碍国家发展的障碍。例如，我国拥有14亿多人口，这是我国巨大的人才资源和竞争优势，但同时也给我国带来了压力与挑战；我们要坚持以人民为中心的发展思想，满足人民日益增长的美好生活需要，促进人的全面发展和全体人民共同富裕；我们要坚持社会主义核心价值观，培育和践行社会主义核心价值观，弘扬中华优秀传统文化，推动社会文明进步；我们要坚持社会公平正义，加强社会保障体系建设，缩小收入差距，巩固脱贫成果，促进社会和谐稳定；我们要坚持社会主义法治道路，健全法治体系，保障人民权利，维护社会秩序，惩治违法犯罪；我们要坚持社会主义民主政治，保障人民依法行使民主权利，推进国家治理体系和治理能力现代化。

第二节　国民安全感

一、国民安全感的内涵和构成

心理学中的精神分析学派最早提出了"安全感"的概念。弗洛伊德认为儿童时期安全感的缺失是成年后产生焦虑感和危机感的根源。新精神分析学派的弗洛姆认为，人们在孩童时期与父母在一起可以建立归属感和安全感，而进入社会后，社会压力等各种社会化因素会导致安全感丧失。其他精神分析学派的代表人物，如霍妮和埃里克森等，从不同的角度阐述了儿童时期安全感的形成以及成年后安全感的缺失与早期母婴关系的亲密程度和社会环境的关系。总之，精神分析学派认为，安全感是指一种心理上的安全的感受，儿童时期与父母亲密关系的建立会让孩子形成最初的安全感，而这种安全感会延续至成年后，形成对社会的信任感和对未来的确定感和控制感。

人本主义的代表人物马斯洛对安全感做出了最为详尽的叙述。他指出，心理上的安全感是指一种从恐惧和焦虑中脱离出来的信心、安全的自由的感觉，特别是满足一个人现在（和将来）各种需要的感觉（俞国良，王浩，2016）。他提出的需要层次理论将安全需要列为第二层次的需要，它和生理需要都属于个体基本的需要。安全感被认为是心理健康的重要标准之一，具备安全感的个体其自我认同和自我接纳能力较强，而安全感缺失的个体隐藏着较强的自卑感和敌对情绪（安莉娟，丛中，2003）。

安全感是一种主观的心理体验，涉及个体安全、稳定和保护等心理需求的满足，以及对于社会或现实的可控感和确定感。在整个国家建设的大背景下，理解安全感具有政治学意义（何振，蒋纯纯，2018）。国民安全感是指国民对国家安全状况的主观感受和评价，是国民对国家能否保障其生命、权利等利益不受侵害或威胁的信心和满意度。

国民安全感的构成，是指影响国民安全感形成的各种因素，它包括物质安全、精神安全、社会安全、政治安全、军事安全、信息安全等方面。物质安全，是指国民对自身生命健康、经济收入、社会保障等基本物质需求得到满足的感受，它是国民安全感的基础。精神安全，是指国民对自身文化认同、价值尊重、心理平衡等精神需求得到满足的感受，它是国民安全感的内涵。社会安全，是指国民对社会秩序、公共服务、社会公平等社会需求得到满足的感受，它是国民安全感的保障。政治安全，是指国民对政治制度、政治权利、政治参与等政治需求得到满足的感受，它是国民安全感的核心。军事安全，指国家的军事实力强大，具备足够的防卫能力，以及能保护国家不受外部威胁和侵略。信息安全是指国家能够保护个人信息安全和个人隐私不受侵犯。除了这些基本的国民安全感之外，还有环境安全感、国际安全感、医疗卫生安全感、公共安全感和就业安全感等。综上所述，国民安全感是一个多方面、多层次的综合性概念。

二、国民安全感的特点

国民安全感是一种主观的心理状态和情绪体验，它与客观的安全状况并不完全一致，而是受到多种因素的影响。从不同的角度来看，国民安全感具有以下四个特点：

（一）相对性

国民安全感是相对于客观存在的不安全因素而言的，它不是一个绝对概念，而是一个相对概念。不同的主体、不同的环境、不同的标准等因素都会影响国民安全感的形成及变化。例如，不同的国

家、地区的群体和个人对于安全的需求和期待可能不同，因此对于
同一种安全状况的感受也可能不同；不同的历史时期、社会背景、
文化传统等因素也会影响对国民安全感的判断和评价；不同的安全
领域和层面也会有不同的安全标准和指标，因此对于安全水平的衡
量也可能有所差异。总之，国民安全感是一个相对而非绝对的概
念，它需要在特定的主体、环境和标准下进行分析和比较。

（二）动态性

国民安全感会随着时间、空间、事件等的变化而变化，它具有
周期性和波动性。随着社会经济发展和科技进步，人们对于安全的
需求和期待也会不断提高和变化，因此国民安全感也会随之调整和
更新；随着国内外形势的变化和风险挑战的出现，人们对于自身和
社会所处的安全状况也会有所感知和反应，因此国民安全感也会随
之波动和变化；随着重大事件或突发事件的发生和处理，人们对于
政府和社会各方面的信任和满意度也会有所改变，国民安全感也会
发生变化。总之，国民安全感是一个动态而非静态的概念，它需要
在特定的时间、空间和事件下进行观察和评估。

（三）多元性

国民安全感涉及多个领域和层面，包括政治、经济、社会、文
化、科技、网络、生态等方面。这些领域和层面都与人们的生存、
发展、权利、尊严等密切相关，都会影响人们对于自身和国家安全
状况的认知和感受。例如，政治领域涉及国家主权、制度、政策合
理性等问题；经济领域涉及经济增长、就业收入、物价通胀等问
题；社会领域涉及社会公平、社会秩序、社会保障等问题；文化领
域涉及文化传承、文化创新、文化自信等问题；科技领域涉及科技
进步、科技竞争、科技伦理等问题；网络领域涉及网络空间主权、
网络信息安全、网络舆论引导等问题；生态领域涉及生态环境保
护、气候变化应对、生物多样性维护等问题。总之，国民安全感是

一个多元而非单一的概念，它需要在多个领域和层面下进行考量。

（四）综合性

国民安全感受到各个领域和层面的相互作用和影响，研究时需要综合考量各种因素。各个领域和层面之间并非孤立存在，而是相互联系、相互影响、相互制约的。例如，政治安全与经济安全相互依存，政治清明有利于经济发展，经济增长有利于政治稳定；经济安全与社会安全相互作用，经济增长有利于社会公平，社会稳定有利于提高经济发展效率；社会安全与文化安全相互促进，社会文明有利于文化繁荣，文化自信有利于增加社会凝聚力；文化安全与科技安全相互支撑，文化创新有利于科技进步，科技进步有利于文化传承；科技安全与网络安全相互关联，科技信息技术为网络安全提供保障，网络信息安全有利于科技创新；网络安全与生态安全相互影响，网络信息传播有助于提升公众生态环境保护意识，而面对生态环境危机时，有效的网络舆论引导能够促进公众开展环境保护行动。总之，国民安全感是一个综合而非分割的概念，它需要在各个领域和层面下进行协调平衡。

三、国民安全感的形成机制和影响因素

国民安全感的形成机制主要包括认知机制、情感机制和行为机制。这三个机制相互作用、相互影响，共同构成了国民安全感的形成过程。

（一）形成机制

1. 认知机制

认知机制是指国民通过信息获取、加工和解释，形成对国家安全状况的认知评价。信息获取的渠道主要包括政府发布的信息、媒体报道、社交网络、个人经验等。国民通过对这些信息的获取和加工，形成对国家安全状况的认知评价。这些信息可以是政治、经济、社会、文化等多方面的，它们的内容和呈现方式都会影响国民的认知评价。

国民对于信息的加工和解释也会影响他们对国家安全状况的认知评价。不同的人具有不同的认知方式和思维模式，他们对于同一件事情的看法和评价也可能不同。此外，国民对信息的关注度和记忆力也会影响他们的认知评价。如果国民对于某些重要的信息缺乏关注，或者对于已经知道的信息没有进行充分的记忆，那么他们的认知评价也会受到影响。国民的认知评价还会受到他们的价值观和情感的影响。不同的人对于国家安全的定义和重要性有不同的看法，他们对于国家安全状况的满意度和期望值也不一样。国民的价值观和情感会影响他们对于信息的筛选和解读，使他们更倾向于选择符合自己观点和情绪的信息，而忽视或否定与之相悖的信息。这种认知偏好可能导致国民对国家安全状况的认知评价与实际情况存在偏差。

2. 情感机制

情感机制是指国民根据认知评价，产生相应的情绪反应，如安全感、信任感、自豪感等。国民的情感反应是在认知评价的基础上产生的，这些情感反应可以影响国民的行为。

国民的情感反应会受到他们的个人经验和背景的影响。如果国民曾经经历过战争、恐怖袭击等安全事件，那么他们可能会比其他人更加缺乏安全感。此外，国民的文化背景、价值观等也会影响他们的情感反应。在一些文化中，如果国民对国家的忠诚度和认同感十分强烈，那么其对国家的安全状况的情感反应也可能更加积极。

3. 行为机制

行为机制是指国民根据情绪反应，采取的相应行为方式，如支持、参与、抵抗等。国民的行为方式不仅会影响国家的政治稳定和社会安定，也会反过来影响国民的认知评价和情感反应。国民的行为方式受到许多因素的影响，例如政治、经济、文化、社会等因素。政府的决策和行为也会影响国民的行为方式。如果政府的决策和行为能够满足国民的需求和期望，那么国民就可能会更加支持政府的政策。反之，如果政府的决策和行为不符合国民的期望，那么国民就可能会采取抵制、反对等行为方式。

（二）影响因素

国民安全感的影响因素可以分为内部因素和外部因素。内部因素是指国民自身的特征，如年龄、性别、教育程度、收入水平、政治倾向等，这些因素会影响国民对国家安全状况的认知水平和情感态度。外部因素是指国家和社会的特征，如国家安全状况、国家安全制度、国家安全文化、国家安全环境等，这些因素会影响国家安全状况的客观存在和主观表达。

1. 内部因素

个体的年龄、性别、教育程度、收入水平、政治倾向等因素会影响国民安全感。例如，年轻人相对于老年人更容易对新兴威胁感到担忧，这是因为年轻人在社交网络中更容易接触到不同的信息和观点；受过良好教育的人更能够理性地分析国际形势和内部安全问题，从而更加明确国家安全形势和自身所处的位置；收入水平越高的人越容易获得社会资源和信息，因此更能够满足自身的安全需求；保守派的人更容易对国内外的威胁感到担忧，而自由派的人则更关注人权、民主和自由等问题。这是因为具有不同政治倾向的人有不同的价值观和信仰，从而在对国家安全状况的认知和情感上有所差异。

2. 外部因素

国家安全状况。国家安全状况是影响国民安全感最直接和最重要的因素，是国民安全感的客观基础。一个国家如果能够有效维护自身的主权、领土完整，政治稳定，经济发展，社会和谐，生态平衡等方面的安全，就能够为国民提供一个安定有序、公平正义、富裕文明的生活环境，从而增强国民的安全感。反之，如果一个国家面临着内外部的各种威胁和挑战，无法保障国家利益和人民福祉，那么国民便会产生不安全感。

国家安全制度。国家安全制度是国民安全感的重要保障，是国民安全感的制度基础。一个国家如果能够建立健全符合自身国情和发展需要的国家安全制度体系，包括法律法规、政策措施、组织机构、人才队伍等方面，就能够有效预防和应对各种安全风险和危机，从而提高国民的安全信心。反之，如果一个国家缺乏完善的国家安全制度体系，或者存在制度执行不力、不公正、不透明等问题，就会削弱国民的安全信心。

国家安全文化。国家安全文化是国民安全感的重要引导，是国民安全感的文化基础。一个国家如果能够培育和弘扬符合自身价值观和发展理念的国家安全文化，包括理念观念、价值取向、道德规范、行为方式等方面，就能够增强国民对自身历史文化传统和现实发展道路的认同感和自豪感，从而增进国民的安全感。反之，如果一个国家缺乏鲜明的国家安全文化，或者存在价值观混乱、道德沦丧、行为失范等问题，就会降低国民的安全感。

国际安全环境。国际安全环境是国民安全感的重要背景，是国民安全感的外部基础。一个国家如果能够积极参与构建公正合理的新型国际关系，共同维护共享的人类命运共同体，推动建立以合作共赢为核心的新型大国关系，促进各方在相互尊重、平等互利、多边主义等原则下开展对话协商和合作共治，就能够为本国发展创造一个良好的外部条件，从而提升国民的安全感。反之，如果一个国家孤立自闭、对抗冲突、零和博弈，就会面临更多的外部压力和挑战，从而降低国民的安全感。

四、国民安全感的作用

国民安全感是个人和国家发展和稳定的重要保障，其作用是多方面的。首先，国民安全感是人们生存和发展的基本要求。人们对自身和国家安全感的需求是与生俱来的，它是人类生存和发展的重要前提。当人们感受到自身和国家的安全受到威胁时，就会产生恐惧和不安，从而影响到他们的身心健康和发展。其次，国民安全感是国家安全的基础。国家安全和人民安全是相互依存的。只有当人民感受到自身的安全和稳定，才能形成强大的国家安全力量，为国家的稳定和发展提供保障。再次，国民安全感是社会稳定的保障。社会稳定是国家发展的前提条件，而社会稳定又依赖于国民安全感。如果国民对社会公平正义、法治秩序、公共服务等方面感到不满意或不信任，就可能会引发社会抗议、暴力冲突、恐怖活动等问题，从而破坏社会稳定。国民安全感还是经济发展的动力。经济发展是国家强盛的重要标志，而经济发展又需要国民安全感的支撑。如果国民对经济前景、就业机会、收入水平等方面感到不确定或不满意，就可能会影响消费投资、创新创业、人才流动等活动，从而制约经济发展。最后，国民安全感对国际关系和国际形象有着深远的影响。国民安全感的提高可以增强国家的自信心和实力，提高国家的国际影响力和形象，为国家争取更多的合作和发展机遇，推动国家的和平发展和繁荣。

第三节　国家安全与国民安全感的关系

一、国家安全是保障国民安全感的基础和前提

国家安全是国家政治、经济和社会发展的重要基石，国家安全的保障不仅影响国家的长期发展，也关系到每个人的生命、财产安全和幸福感。因此，国家安全是国民获得安全感的前提条件，而总体国家安全观则为提升国民安全感提供思想指导。总体国家安全观包括政治安全、军事安全、经济安全、文化安全、社会安全、科技

安全、信息安全、生态与资源安全以及生物安全等不同领域的安全，这些安全领域对国民安全感的影响也体现在不同的方面。

政治和军事安全能够维护国家领土完整、保障国家主权不被侵犯，从而保障国民安全。在当前复杂的国际环境中，政治安全和军事安全显得尤为重要。政治安全的发展能够为军事、经济、社会和文化等其他安全领域提供保障与支撑，是国民获得安全感的坚实后盾。例如，维护政治安全有助于确保社会的稳定和安宁，增强国民对自身和财产安全的信心；发展政治安全能够提升公共服务和福利保障水平，提升国民的生活质量，并提高他们对国家安全的信心；政治安全的维护可以促进对人权和民主价值观的保护，确保公民的自由和尊严受到尊重，增强国民对国家安全的认同和支持；政治安全的发展对于国家的外交关系和国际声誉具有重要影响，良好国际形象和声誉可以为国民提供外部支持和保护，增强国民对国家在国际事务中的地位和影响力的安全感。军事安全的保障能够为国家抵御外来武力威胁或侵略，维护国家利益和领土主权，增进国家尊严和话语权，是国民获得安全感的有力保证。例如，军事安全的保障是国家防御和保护的基础。拥有强大的国防力量能够有效地抵御外来武力威胁或侵略，保护国家的主权和领土完整。当国家具备足够的军事实力和防御能力时，国民会感到更加安全，因为他们知道国家有能力保护他们免受外部威胁和侵害。军事安全的保障可以平衡战争和冲突的风险。通过建立强大的国防力量和制定有效的军事战略，国家可以减少被攻击或卷入冲突的可能性。这种平衡有助于维护和平与稳定，提高国民的安全感。军事安全的保障可以维护国家的声誉和地位。当国家能够有效地应对军事挑战和威胁时，它会赢得国际社会的尊重和认可。国家的强大军事实力可以增加国民对国家在国际事务中的话语权和影响力的信心，从而提高国民的安全感。军事安全的保障可以塑造国家的安全文化。当国家将军事安全置于重要位置并鼓励国民参与国防事务时，会形成一种安全意识和共识。这种安全文化可以增强国民对国家安全的认同感和参与感，使他们更加关注和支持国家的军事安全事业。

经济安全直接关系到国民的基本物质需求和生活质量。当前我国正处于经济和社会转型阶段，进出口贸易和中小型企业发展等问题直接影响着国民安全感。首先，经济安全与国民的基本物质需求密切相关。一个稳定、健康的经济环境能够提供就业机会、稳定收入和物质保障，确保国民能够满足基本生活需求。当国家经济繁荣发展、人民的收入水平不断提升时，国民将更有能力购买所需的商品和服务，提高自身的生活质量。这种经济发展所带来的物质改善和生活水平提升，有助于增强国民的安全感。其次，进出口贸易的发展与国家的经济繁荣密切相关，它为国家提供了更广阔的市场和更多的经济机会。同时，中小型企业的发展也能够提供更多的就业机会，促进地区经济的稳定和社会的发展。当经济中出现进出口贸易的困难或中小型企业发展受到阻碍时，国民的就业机会和经济收入可能受到影响，进而对国民的安全感产生负面影响。因此，积极促进进出口贸易的畅通和中小型企业的健康发展，对于增强国民的经济安全感具有重要意义。最后，近年来，国家经济的快速发展，也使得人民的生活水平日益提高，对生活质量的追求日益显著。人民的需求已由基本的物质需求逐渐向高级需求转变，这是安全感提升的一个重要表现。国家经济的快速发展为满足这些高级需求提供了良好的条件。人民能够更好地享受教育和医疗资源，参与文化和娱乐活动，提高自身的素质和生活品质。这种提升的生活品质和满足高级需求的能力，有助于国民形成积极的情感态度和对未来的乐观预期，从而进一步增强其安全感。

社会安全作为国家安全的重要组成部分，其根本目标在于为国民提供安定、和谐和有序的社会环境。生态环境和资源安全是社会安全的基础，同时也是国家经济可持续发展的重要保障。然而，随着社会和经济的发展，生态环境和资源面临着日益严峻的挑战和日益提升的压力，例如城市雾霾、水污染、物种灭绝等问题已经严重影响了人民的生产和生活。信息安全也是社会安全的重要组成部分。随着互联网技术的快速发展，信息安全问题也越来越突出。互联网黑客攻击、网络电信诈骗、虚假信息和虚假新闻、个人隐私泄露等问题已经成了人们日常生活中的头号威胁。这些问题不仅对个人安全造成威胁，也对国家安全构成了潜在的风险。科技安全则是在国际大环境下利用国家科学技术系统维护国家利益和国家安全。随着科学技术的不断进步和发展，其对社会和经济的影响也日益凸显。科学技术的不当使用可能会对生态环境和生命财产安全带来严重威胁，例如基因组计划、高科技核武器或生化武器等问题都是人类面临的重大挑战。

文化安全是指一国的观念形态的文化（如民族精神、政治价值理念、信仰追求等）生存和发展不受威胁的客观状态，是国家文化发展和繁荣兴盛的基础。随着中国特色社会主义进入新时代和社会主要矛盾的变化，人民的精神文化需求日益凸显，因此维护国家文化安全具有很大的现实意义与很高的时代价值。全球化和对外开放的推进，使得外来文化与本土文化相互碰撞、竞争和融合，这使得意识形态领域的竞争愈加激烈。在这种情况下，意识形态安全是文化安全的核心，也是党的一项非常重要的工作（张志丹，2017）。维护国家文化安全关系到国民精神的独立性，是获得国民精神认同的重要前提，同时也是发挥先进文化和优秀历史文化底蕴作用的重要基础（胡惠林，2016）。在开放多元的文化世界里，外来文化的冲击以及西方国家利用网络舆论对中国进行思想文化渗透，试图歪曲中国的历史，误导国民的认知与判断，影响国民价值观的形成，这都会影响我们的文化安全。文化安全关系国民精神文化的质量，关系国民价值观的形成，影响国家政治和经济等其他领域的发展，进而对国民的文化归属感与心理安全感产生一定的作用。

生物安全一般是指现代生物技术开发和应用对生态环境和人体健康造成潜在威胁，从而对其所采取的一系列有效预防和控制措施。生物安全关系国民身心健康、国家发展战略和社会安稳。目前，国际和国内都面临着生物安全的重大挑战，这包括生物恐怖袭击、实验室生物泄漏、生物武器威胁、外来物种入侵和传染性疫情等。维护国家生物安全极为重要，因为这直接关系到生命安全，生命安全是引起国民恐慌和不安的最为重要的因素。因此，我国将生物安全纳入国家总体安全体系之中，健全国家公共卫生体系，出台生物安全法律法规，保障国民身心健康、社会长治久安和国家利益。

国内外政治、经济和文化环境的变化，引发了许多非传统安全问题，加剧了社会矛盾，引发了经济利益冲突。面对前所未有的国家安全挑战，坚持总体国家安全观是提升国民安全感的重要前提。

二、国民安全感是促进国家安全的动力和目标

国民安全感是实现中华民族伟大复兴的中国梦的物质基础和心理基础，是社会和谐稳定的重要条件。国家安全是提升国民安全感的前提条件，为国民提供安稳与发展的环境。国民安全感的提升又反过来促进国家的进步与发展，形成一个双向互动的关系。因此，国民安全感是促进国家安全的动力和目标。

国民安全感是国家安全工作的出发点和落脚点，也是衡量国家安全工作成效的重要标准。只有让广大人民群众享有更多更好更实在的安全福祉，才能增强人民对党和国家事业发展的信心和支持，才能激发人民创造美好生活的积极性和主动性，才能汇聚起维护国家安全的强大合力。首先，国民安全感是维护政治安全的动力。政治安全是国家安全的核心，涉及党和国家长治久安、人民幸福安康、社会稳定有序等方方面面。坚持以人民为中心，坚持立党为公、执政为民，践行全心全意为人民服务的根本宗旨，就要保障人民当家作主、依法享有广泛权利和自由、参与社会治理和公共事务等方面的政治权益，就要及时化解各种社会矛盾和风险隐患，就要增强人民对中国特色社会主义道路、理论、制度、文化等方面的自信、自豪、自觉。只有让人民群众在政治上有尊严、有地位、有话语权，才能增强人民对党和政府的拥护支持，才能形成维护政治稳

定和制度权威的强大合力。其次,国民安全感是维护经济安全的动力。经济安全是国家综合实力和综合竞争力的重要体现,涉及经济增长、产业结构、科技创新、资源环境等多个领域。坚持以人民为中心,坚持以新发展理念引领经济发展,就要保障人民群众在经济生活中享有公平竞争、合理收入、保护财产等方面的经济权益,就要促进经济结构优化升级,就要推动经济社会发展和人民生活水平不断提高。只有让人民群众在经济上有收入、有财富、有保障,才能增强人民对发展前景的信心和期待,才能激发人民创造财富的动力和活力,才能形成维护经济稳定和增长的强大合力。再次,国民安全感是维护军事安全的动力。军事安全是国家安全的重要组成部分,涉及国防建设、军事斗争、武器装备、战略威慑等多个方面。坚持以人民为中心,坚持党对军队的绝对领导,就要保障人民军队的忠诚性、纯洁性、先进性,就要保障人民军队的战斗力、战略能力、创新能力,就要保障人民军队的核心地位、战略支撑作用。最后,国民安全感是维护文化安全的动力。文化安全是国家安全的重要内容,涉及文化传承、文化创新、文化交流等多个层面。坚持以人民为中心,坚持社会主义核心价值体系引领,就要保障人民群众在文化生活中享有丰富多彩的精神食粮,就要保障中华优秀传统文化的传承发展,就要保障中国特色社会主义文化的繁荣兴盛。只有让人民群众在文化上有自信、有自豪、有自觉,才能增强人民对中华文明的认同和担当,才能形成维护国家文化主权和软实力的强大合力。

谋求国家安全是为了实现国家利益和人民利益,是为了让国家更加强大、更加繁荣,让人民生活更加幸福、更加美好。国家安全工作不仅要着眼于当下,更要着眼于长远;不仅要着眼于自身,更要着眼于集体;不仅要着眼于维护,更要着眼于塑造。因此,提升国民安全感是国家安全工作的重要目标。

提升国民安全感是实现人民幸福的重要目标。人民幸福是国家安全的最高标准,也是国家安全的最终目的。坚持以人民为中心,就要保障人民群众在政治上有尊严、有权利、有地位，就要保障人民群众在经济上有收入、有财富、有获益，就要保障人民群众在文化上有自信、有自豪、有自觉，就要保障人民群众在社会上有公平、有正义、有和谐，就要保障人民群众在生态上有绿水青山、金山银山、美丽家园。只有让人民群众在各方面都享有安全感，才能增强人民对美好生活的信心和期待，才能激发人民创造幸福的动力和活力，才能形成维护国家安全和社会稳定的强大合力。

我们党和国家近些年来取得的各项成就都离不开国民的努力，国民安全感的提升和社会的团结稳定也推动了国家各项成就的获得。为了满足国民的安全需要，国家要加强社会保障、就业保障、医疗卫生保障、食品安全保障和个人隐私保障等，努力解决国民关心的现实利益问题，切实履行以人为本的发展思想。同时，国家要加强社会舆论监管机制，宣扬正确的价值观和引导正确的舆论方向，提高国民的自我认同感和对社会的满意度。

国民安全感来源于国家安全，国家的和谐稳定发展是国民安全感获得的重要保障。国民安全感的高低又能够彰显出国家和社会发展的整体状态，是衡量国家现代化建设与发展程度的重要软指标，也是检验国家安全与否的根本标准。总体国家安全观强调以人民安全为灵魂，体现出以人民为中心的价值观和发展理念，也反映了人民对于国家安全的重要性。如果国民安全感缺失，将会对社会稳定、国家经济发展和政治建设等产生负面影响。因为引发国民安全感缺失的不稳定因素会损害国家利益、破坏国家安全建设、阻碍国家发展。只有国民安居乐业，社会才能和谐发展，国家才能长治久安。总体国家安全观中提到的政治安全、经济安全、社会安全和生物安全等不同层面的安全都是关系到国民安全与利益的重大问题，也是国家现代化建设中必须面对和解决的问题。必须树立整体安全观，切实保障各项安全工作的开展，任何一项安全工作的疏忽都会给国民带来担忧与不安。

三、国家安全与国民安全感之间的相互作用

国家安全与国民安全感的关系具有动态性、复杂性和多维性，我国政府在维护国家安全和提升国民安全感的过程中，始终保持全局观、战略观和前瞻观，不断适应新形势、新任务、新要求，不断创新思想方法和工作举措。

国家安全与国民安全感的关系具有动态性。随着时代变化和社会发展，国家安全与国民安全感的关系也会发生变化，需要不断适应新形势、新任务、新要求。例如，随着我国经济社会发展水平的提高，人民对于安全的需求也在不断提高和拓展，从最基本的生存安全到更高层次的发展安全、从传统的领土主权安全到非传统的网络空间安全等，都对国家安全政策和战略提出了新的要求。同时，随着国际形势的变化和复杂化，我国面临的国家安全挑战和风险也在不断变化和增加，如霸权主义、单边主义、保护主义、恐怖主义、分裂主义等，都对我国国家安全和人民安全构成威胁，对新的防护政策和应对措施的建立提出了挑战。

国家安全与国民安全感的关系具有复杂性。国家安全与国民安全感的关系受到多种因素的影响，如历史文化、政治制度、经济发展、社会结构、舆论环境等。这些因素既有内部的又有外部的，既有客观的又有主观的，既有积极的又有消极的，既有直接的又有间接的。这些因素相互作用、相互影响，构成了一个复杂的系统。例如，历史文化是影响国民安全感的重要因素之一，不同历史文化背景下的人们对于同一事件或问题可能会有不同的认知和评价。政治制度是影响国民安全感的重要因素之一，不同政治制度下的人们对于政府处理国家安全问题的能力和效果可能会有不同的信任水平和满意度。经济发展是影响国民安全感的重要因素之一，经济发展水平和质量直接关系到人民生活水平和质量，也影响到人民对于未来发展前景的预期和信心。社会结构是影响国民安全感的重要因素之一，社会结构变化会导致社会利益格局变化，也会引发社会矛盾和

冲突，影响到人民对于社会公平正义和稳定团结的感受。舆论环境是影响国民安全感的重要因素之一，舆论环境反映了社会思潮和价值取向，也塑造了社会心态和情绪。积极正面的舆论环境可以增强人民对国家安全状况的信心和满意度，也可以激发人民对国家安全工作的支持和参与。消极负面的舆论环境则可能削弱人民对国家安全状况的信心和满意度，也可能引发人民对国家安全工作的怀疑和抵制。

国家安全与国民安全感的关系具有多维性。国家安全与国民安全感的关系涉及多个领域和层面，如政治、经济、文化、社会、生态、网络等。这些领域和层面相互联系、相互影响，构成了一个多维的系统。例如，政治安全是国家安全的核心，也是国民安全感的基础。政治安全不仅包括维护国家统一、主权和领土完整等方面，也包括维护人民当家作主、社会主义法治和政治稳定等方面。经济安全是国家安全的基础，也是国民安全感的重要来源。经济安全不仅包括维护国家经济发展利益、防范经济风险等方面，也包括维护人民就业收入、社会保障、消费权益等方面。文化安全是国家安全的灵魂，也是国民安全感的重要内容。文化安全不仅包括维护国家文化主权、文化自信等方面，也包括维护人民文化传承、文化创新、文化享受等方面。社会安全是国家安全的保障，也是国民安全感的重要产生条件。社会安全不仅包括维护社会秩序稳定、防范社会危机等方面，也包括维护人民生命健康和公共卫生、食品药品安全等方面。生态安全是国家安全的基础，也是国民安全感的重要需求。生态安全不仅包括维护国家生态环境质量、防范生态灾害等方面，也包括维护人民绿色生活、绿色发展等方面。网络安全是国家安全的新领域，也是国民安全感的新挑战。网络安全不仅包括维护国家网络主权、网络空间秩序等方面，也包括维护人民享有网络信息查询和保护的权利，维护网络隐私等方面。

参考文献

安莉娟，丛中．（2003）．安全感研究述评．中国行为医学科学，12（6）：698-699.

何振，蒋纯纯．（2018）．总体国家安全观下的国民安全感危机与治理．城市学刊，39（6）：58-64.

胡惠林．（2016）．国家文化安全学．北京：清华大学出版社．

俞国良，王浩．（2016）．社会转型：国民安全感的社会心理学分析．社会学评论，4（3）：11-20.

张文木．（2012）．世界地缘政治中的中国国家安全利益分析．北京：中国社会科学出版社．

张志丹．（2017）．意识形态功能提升新论．北京：人民出版社．

Chandra S, Bhonsle R. (2015). National Security: Concept, Measurement and Management. Strategic Analysis, 39(4): 337-359.

Macfarlane, S. N. (2012). Georgia: National Security Concept Versus, National Security. Caucasus Socialence Review, 12(30):11.

Murphy, J. F. (2017). Primary national security threats facing the United States: The magnitude of their threats and steps that have been or might be taken to counteract them. The International Lawyer, 50(1): 111-135.

Stevens, D., & Vaughan-Williams, N. (2016). Citizens and security threats: Issues, perceptions and consequences beyond the national frame. British Journal of Political Science, 46(1): 149-175.

Victoria, A. (2019). National security and defence. ResearchGate. Retrieved January 20, 2023, from https://www.researchgate.net/publication/336262242_National_Security_and_Defence.

第三章
政治安全与国土安全应急管理心理学

第一节　政治安全与国土安全的概述

随着国家间交往愈加密切，社会内部成分更加复杂，科技安全、资源安全等非传统安全问题相继而至，网络、疾病和生态等各方面矛盾都逐渐成为影响国家安全的不稳定因素。因此，了解人们的政治认同现状，分析其中的问题并提出相应对策，对社会主义民主建设、加强党的领导、实现统一战线工作的最终目标都具有重要的现实意义。政治安全作为国家安全的根本，关系着国家总体安全和社会稳定。对政治安全的关注，有助于提高人民群众对政治安全风险的关注度，提高警惕性，立足于当前发展形势，深化对政治安全风险的认识，对于提高大众的风险意识具有重要意义。

一、政治安全及应急管理心理学

（一）当前中国政治安全的概况

随着中国改革开放的深入和全球化的加速，中国综合国力不断增强，对国际事务的影响力显著提高，一些西方国家将中国视为其潜在的竞争对手和敌人，企图对中国进行干涉并破坏中国国内政治的稳定。全球化也对中国特色社会主义文化价值体系产生了影响，西方发达国家输入了大量的精神文化产物和价值观念，对我国固有的思想观念和文化传统产生很大影响。文化影响着国家的凝聚力和创造力，影响着国家的综合国力。国家文化软实力与政治之间存在着互激的作用，而政治安全在其中起到重要作用。

政治安全是国家安全的核心组成，从某种意义上说，政治安全为其他领域的相对安全提供了充分保障。通过实践，确定马克思主义为核心内容和理论指导的社会主义意识形态和中国共产党为我国执政党，是确保国家政治安全的必然结果。中国共产党是工人阶级的先锋队，代表中国最广大人民的根本利益，其宗旨为全心全意为人民服务，群众基础十分牢固。自中华人民共和国成立以来，我们党在治国理政方面既交出了一份让中国老百姓满意的答卷，又赢得了国际社会的广泛尊重。

（二）政治安全的内涵

国家政治安全不仅包括有形的领土安全，而且包含相对无形的主权安全和意识形态安全。人的政治认知是主体选择的过程和理性思考的过程，人的利益需要是政治认知形成的动力，政治信息是政治认知加工的原料，政治信息的内化标志着政治认知的生成。随着人的政治需求的满足，人们逐渐产生政治情感，政治情感与政治认知相互作用，与政治价值相互融合。政治情感在人的心理活动中具有助推作用和相对稳定性。政治价值是政治认同的本质，政治价值的趋同是政治认知形成的关键。人们以社会实践为基础，清晰认识个人与社会的密切关系，逐渐构建维护社会利益的主体意识，这也就是人们认同并内化社会主义核心价值观的过程。只有得到民众普遍认同的价值观，才能发挥抵御敌对意识形态渗透的功能，以帮助大众形成自觉自为的意识与行为，从而能及时有效地抵御错误思想。

1. 确立主流意识形态，坚决抵制非主流意识形态

随着国内外众多复杂的因素逐渐渗透到中国，意识形态安全已成为国家政治安全的最大挑战。我国坚持马克思主义在意识形态领域指导地位的根本制度。意识形态安全是政治安全的核心，也是社会制度建立的重要基础。政治认同是公民在政治认知的基础上，对政治客体形成的情感归属和价值同意，并将政治客体纳入自身人格之中进而产生政治同一性的过程。

意识形态作为一个国家政治安全的灵魂，对培养国民政治认同感、维系社会控制力、维护国家政治安全的作用是不言而喻的（Matteo et al.，2020）。主流意识形态是对社会思潮的提炼和概括，表现为社会普遍认可的行为准则，为社会稳定提供价值支撑，主导着社会意识形态，是判断思想和行为是非曲直的标准（胡玉荣，2014）。意识形态特别是国家主流意识形态是"软实力"的主要组成部分。我国作为民族众多、地域广阔的大国，一些非主流意识形态的形成，使得一些迷茫的公民形成了恶劣的反社会主义思潮舆论，威胁我们国家的政治安全。因此，我们必须时刻保持国家政治安全意识，拥护主流意识形态，有效防范各类思想风险，积极投身现代化建设。

2. 政权和主权安全是政治安全的基础

中国主权和国家领土的独立完整是国家政治安全稳定的第一要素，是国家安全利益的关键和人民安定生活的保障。这需要我们始终坚持中国共产党的领导，在国家和社会治理方面建立健全防范预警的综合机制，绝不允许任何国家插手中国的内政。同时，不断加强党组织的自身建设，全面从严治党，不断提升党的治国理政水平与能力，提高党抵御各种挑战和风险的能力，坚决反对一切分裂祖国的势力与行径。目前，在涉及国家安全的问题上，为保护我国的主权完整，我们应争取更多的国际话语权，普及政治安全观念，建立国家安全体制，同各国合作，积极推动国家安全化进程，正确引导国际舆论走向，建设美好的世界。

3. 政治稳定和社会稳定

政治稳定是国家政治安全的发展条件，牢固的政治制度是政治安全的基础。中国当今的基本国情要求中国必须始终坚持发展社会主义制度，必须坚持中国共产党的领导和人民民主专政。社会稳定是政治安全的前提，社会稳定要求依法防范和打击分裂国家及颠覆政权的违法犯罪活动，增强社会综合治理，推动平安创建活动，保障人民生命财产安全，保证国家安定和社会稳定。

（三）新媒体时代我国政治安全及应急管理心理学

政治安全是一种无形的因素，为国家建立安全观提供指引并保持正确的方向，辅助国家建立相应的预警系统，维护每一个合法公民的人身权益和自由。新媒体时代使得政治资源流动与政治权力重新分配，既向民众即时输送政治信息，也可以让政府听到民众利益呼声和主张。在复杂的网络环境下，维护国家政治安全，需要世界信息秩序领域不同的国家之间进行信息沟通、技术交流和政治对话。随着基于数字技术的新媒体的迅速崛起和全球化进程的加速，信息传播方式发生了极大的改变。新媒体时代，网络作为新的手段和工具，是公民进行政治参与和政治认同活动的新平台，也是影响政治安全的新因素。积极推进和完善应急管理心理危机干预，不仅可以帮助大众顺利渡过心理危机，切实维护其心理健康与和谐，还能及时有效预防、化解社会矛盾和风险，增强民众心理健康意识和自我调节能力，自觉培育自尊、自信、理性平和、积极向上的社会心态。

1. 维护主流意识形态安全，构建良好的意识形态运行环境

新媒体环境下，我国应高度重视政治安全，保障主流意识形态主体地位，建立健全网络舆情监管机制和新媒体安全立法，以保障新媒体健康发展。中国的主流意识形态是社会主义思想体系，只有

坚定维护它的核心地位，践行其中心理念，才能形成正确的行为规范，为民众树立可靠的政治原则，保证国家政治安全和人民利益。主流意识形态必须代表大众利益，同时也要加大宣传力度，不断传播主流意识形态，使人民逐渐吸收并接纳主流意识形态规范。随着全球化进程的推进，我们应该时刻保持理性头脑，科学防范西方意识形态渗透，完善监督机制，维护社会主义意识形态安全，增强国家凝聚力。推进主流意识形态自身建设，理论联系实际，整合意识形态理论；借助新媒体，创新意识形态宣传，切实体现党和人民在社会意识形态建设方面的成就，从人民利益出发，将理论转化为实践，正确指导社会生活。将传统文化与新媒体相结合，建设符合我国实际的网络文化，推进网络主流意识形态的传播，为政治安全塑造一个健康的网络环境，使得新媒体更好地发挥其政治功能。同时，将意识形态建设与国民教育相结合，提高公民的思想道德修养和水平，提升公民归属感。

2. 国家权力有效运行和公民权利切实保障的统一

政治安全实践必须遵循国家权力有效运行与公民权利切实保障相统一的实践原则，在保证国家权力有效运行的同时，切实保障公民权利。权利与义务并存，公民在行使和维护自身权利的时候，必须意识到自己是政治生活的主体之一，其维护自身权利不能以牺牲国家政治秩序为代价，在参与国家政治生活时必须遵循最基本的政治秩序。

国家政治安全的实现和维系要求对国家权力运行进行有效规范，权力运行需要依据宪法和法律，保障权力运行的正当性。只有合理运行和有效控制国家权力，国家权力的运行才能循规蹈矩，公民的权利才有可能得到切实保障，只有社会持续发展、稳定和谐，才能实现和维系国家政治安全。新媒体的出现，扩大了信息传播的渠道，增加了民主参与的途径，也进一步完善了言论表达机制。

3. 加强网络舆论管理

网络空间政治安全问题的复杂性，决定了需要立足更加整合的视角、采用更加多元的方法来进行综合治理。因此，应加强对网络传播的管理，规范舆论导向，一方面进行自我监督，另一方面监督政府的政策制定和公民的政治参与行为。大家接收信息的路径越来越多，涉及的内容范围愈益宽泛，因此大众意识形态十分重要。随着互联网使用日益普遍，网络空间逐渐成为客观存在的意识形态领域斗争的主要场地。网络虽然拓展了国家安全的空间范围，但是也将国家的政治安全变成了一个更为立体的领域。网络使个人行为跨越国家与地区的界限，每个人都可能成为不同意识形态的散布者和获取者。因此掌握社会大众心理十分必要。需要帮助不同社会大众准确判断网络信息，增强意识形态防范意识，减少信息安全危机。

长期以来，我国应急管理心理危机干预相对薄弱，政府作为应急管理心理危机干预的重要主体，必须持续不断审视现状、发现问题，建立长期且有效的符合我国意识形态需求的应急管理心理干预机制，预防心理危机、应对心理危机，推动心理重建，从而推动应急管理心理危机干预稳步有序发展。心理危机干预是应急管理工作的重要组成部分，需要积极关注人的心理健康，及时提供科学的心理救助和干预，帮助大众保持心理平衡与和谐。积极引导媒体持续、正面、及时报道动态，主动引导社会舆论，及时澄清事实，增强民众对政府的信任，提升民众对政府的信心，激发大众自助互助的勇气和力量。

二、维护国土安全的重要性

（一）国土安全的重要意义

国土安全是国家安全的基础，是国家主权赖以实施和体现的物理空间，是保证国家生存与发展的重要前提，其主要指一个国家主权范围内的领陆、领水、领空和底土四个方面的安全，这是传统的国家生存空间范围的安全。随着科学技术以及经济的发展，国家生存空间领域也在不断拓宽。国土安全问题一直都是国家重视的重要问题，国土安全关系着国家的长治久安、领土主权完整和人民生活安居乐业。我国是一个负责任的大国，与周边国家达成战略互信和互惠合作，以大局为重，从根本上解决领土问题，为中华民族伟大复兴的中国梦保驾护航。

（二）国土安全与国民安全

党的二十大报告明确了推进国家安全体系和能力现代化的总体要求，我们必须牢牢把握、始终坚持，坚决贯彻落实到实践中去。坚持以人民安全为宗旨，以政治安全为根本，统筹外部安全和内部安全、国土安全和国民安全、传统安全和非传统安全、自身安全和共同安全。强调把国民安全摆在核心位置，依靠国民力量支撑国土安全。国土安全保障国土不受威胁，不受其他国家的侵犯，确保生活在这片国土上的人民，处于一种安全的状态，主观感知是安全的。国土是承载国民的摇篮，国民为国土带来生机，没有国土，国民就失去了赖以生存的家园，而没有国民，国土也就失去了构成国家的意义。

（三）边境国土安全

近年来，由于全球人口数量的大幅度增加，经济迅速发展，人们开始开发利用边境地区，导致国土安全问题逐渐显现。边境地区作为一个国家国土的边缘地带，自然而然地被赋予了开放和守卫的双重意义，它既是国家积极向外开放的友好大门，又是保卫国土安全的第一道及重要的防线。一旦边境地区界河流域内土地利用发生变化，周边国家经济、社会、环境都会受到影响。因此，国家需要增强国土安全教育方面的宣传，出台相关法律章程，保障国土稳固，以和平、合作的方式解决与他国的领土争端问题。

第二节　制度自信与应急管理心理学

　　随着世界政治、经济的不断发展，国家软实力在综合国力中的地位日益凸显，提升软实力首先要提升制度吸引力，从而提高中国在国际上的话语权。稳固中国政治安全地位不动摇，必须坚持中国共产党的领导，坚持中国特色社会主义制度和道路不动摇，必须保持制度自信。提升制度自信，不仅需要全党和全国人民充分且全面认识中国特色社会主义制度的内涵、特点、优越性等，增进全党和全国人民对制度的认同，同时需要在实践中巩固认识，加强认同。

一、不同角度解读制度自信的内涵

（一）从政治学角度来看

1. 含义

　　制度指约束和调整人们行为和关系的规范，自信是社会主体实践活动的结果。党和人民群众在中国特色社会主义制度实践活动中，逐渐获得了对制度的积极的心理状态和坚定的政治信念，形成了制度自信。制度自信既体现为党和人民群众内在的认同，又体现为行动上的遵守。中国特色社会主义制度自信在很大程度上依赖于制度本身的优越性，以维护人民的根本利益作为最高标准，同时以制度的形式保障人民群众的主人翁身份，为人们提供奋发进取的强大动力，凝聚力量进而达成共识。坚定制度自信，有利于提高人们对社会主义制度和中国特色社会主义制度的认同感，有利于激发人民群众的社会责任感和参与国家社会事务管理的热情，凝聚全国各族人民的精神力量共同建设中国特色社会主义伟大事业。

2. 特征

中国特色社会主义政治制度自信是人民群众自觉地接受、认可和信任中国特色社会主义制度，具有内生性。只有对制度有了理性的认识后，才能自觉地坚持政治制度自信。中国特色社会主义政治制度自信虽然具有非常深厚的群众基础，但是受地域、社会地位、政治身份等因素影响，人民群众制度自信的程度会产生差异。中国特色社会主义制度增强了中国人民群众的自豪感，同时提供了一个稳定的政治环境。中国特色社会主义政治制度自信作为一种思想观念，经过时间的沉淀和不断的完善，逐渐上升为一种民族精神。目前我国在政治制度的保障下取得了非凡的成绩，这提高了人民群众的制度自信，同时也增强了人民群众对未来的期待感。

（二）从心理学角度来看

在当今时代背景下，需要引导大众理性、全面、客观地认识社会制度。人的实践活动受认识支配，制度自信可以为大众提供奋发进取的强大动力，能够激发人们的主体担当意识，凝聚力量从而达成共识。中国特色社会主义制度自信关键体现为对中国特色社会主义制度体系的自觉遵守。广大人民能否自觉遵守社会制度体系，直接关系这个社会能否正常运转，这也是社会制度能否发挥作用的关键。

增强广大人民群众的自信心，能够强化人们对中国特色社会主义事业的肯定和坚守，对未来美好生活的追求和期盼。心理学研究的自信侧重于个体意义，认为自信是健全人格的重要组成部分。自信不仅是一种心理反应，也是一种行为动机系统，受到个人和环境的影响，主要表现在言行举止和内在的奋发向上方面，对事物的积极肯定，也可以表现为凝聚力量、达成共识的推动力。自信不是与生俱来的，它的逐步产生是需要后天培育的，培育自信就是要让自信本身散发出来的功能和机制得到最大化展现和发挥。

从坚定自信和完善认同的关系上来说，两者是相互促进的。完善认同教育必然会提升自信，同时坚定自信必然会加深认同。制度的认同是基础，只有认同制度才能对中国特色社会主义的发展产生信心，进而坚定信念，形成对中国特色社会主义道路自信、理论自信和文化自信的长效机制。中国特色社会主义在实践中形成，为实践服务。制度自信需要培育乐观向上的人生态度，促使人向更好的方面发展，一切从实际出发，把远大理想诉诸脚下；需要培育奋斗进取的人生品格，个人物质生活的满足需要努力奋斗，个人精神境界的提升需要不断实践。

二、坚定中国特色社会主义制度自信的重要意义

坚持中国特色社会主义政治制度自信，有助于党和国家更好地发挥政治制度的保障作用，增强政治体制机制改革的动力和底气；有助于坚定不移地走中国特色社会主义道路，既可以保障广大群众基本的生存条件和权益，又有利于社会的和谐发展；有助于人民群众正确认识国内各种社会问题和我国政治制度的独特优势，提升认同度（宋才发，2020）；有助于我们正确理解处在社会转型期的中国社会矛盾凸显的必然性，促进我们将现实矛盾转化为推动社会转型和进步的动力；有助于实现先进政治制度与人民群众积极性的统一；有助于凝聚共识，形成坚定的政治定力和强大动力；有助于广大人民群众增强全面深化改革的信念坚定性，始终坚持正确的政治方向，保障人民群众在社会生活中拥有更多真实的改革获得感和幸福感。

三、增强中国特色社会主义制度自信的对策建议

（一）实现国家治理现代化，不断推进制度建设和创新

只有实现国家治理体系和治理能力的现代化，才能进一步完善和发展中国特色社会主义制度，而制度完善发展的关键是改革的深化与继续。应努力建设符合中国国情、具有中国特色的现代化经济体系，优化经济结构，不断增强国家治理能力，并在社会建设领域

推出一大批惠民举措，力图在保障和改善民生中加强和创新社会治理体系。良好的制度始终是处在变化之中的，是随着时代发展不断实践变革的，所以需要我们构建系统完备、科学规范、运行有效的制度体系，立足国情，从变化发展的实际出发，实事求是，研究制度理论，以理论创新推动制度创新。

（二）坚定中国特色社会主义理想信念，充分发挥中国特色社会主义政治制度的功能

理想信念是人类特有的精神状态和精神追求，面对当前日益剧烈的多元价值观冲突，我们需要加强共产主义理想信念教育，努力把握自己的历史使命。应充分发挥社会主义政治制度的共识功能，在注重培养人民群众对国家的认同感和忠诚度的同时，也要充分尊重和保护公民的权益；加强完善监督机制，提升政治制度的执行力，使政治制度执行落到实处；加强对我国优良文化的传播与弘扬，营造制度自信的文化氛围，使制度自信深入群众，获得广泛认可（王海军，2020）。

（三）巩固马克思主义在意识形态领域的指导地位，加强制度自信中的话语权建构

社会主义意识形态是我国的主流意识形态，以马克思主义为核心内容和理论指导。有效的宣传教育，是新思想、新政策入脑入心的主要方式。加强主流意识形态建设，首要的就是深入学习和宣传习近平新时代中国特色社会主义思想，它是新时代的精神旗帜和行动指南。我们要探索新颖且独立的话语表达方式和表现方式，将传统媒体与新媒体结合，充分有效利用多元化的媒体传播模式，积极掌控传播规律，以加强马克思主义意识形态话语权。

（四）在国际社会中充分展示中国特色社会主义制度的优越性

增强中国特色社会主义制度自信，需要我们在立足中国基本制度的基础上，放眼世界，将本土情怀和国际视角深度结合，在国际社会中充分展示中国特色社会主义制度的优越性，增强广大人民群众的制度自信。当今各民族国家之间的文化交流活动日益频繁，文化交流的规模和范围也在不断扩大，应进一步推进文化的对外交流，提高文化软实力、提升文化感召力、扩大文化影响力，让世界了解一个立体的、真实的、自信的中国。

（五）增强制度认同，完善制度传播机制

中国特色社会主义认同，就是认可并践行中国特色社会主义，成为中国特色社会主义的坚定信仰者和践行者。完善认同教育提升自信，坚定自信加深认同，形成对中国特色社会主义制度自信的长效机制。广大人民群众制度自信的形成和强化，一方面需要制度本身的现实绩效和价值正当性的支持，另一方面也需要制度制定者和实施者自觉主动地通过思想政治教育体系和大众媒体对广大人民群众进行主流意识形态的宣传、引导和教育。为了使社会大众对制度和思想内化于心和外化于行，需要各级政府坚持不懈地开展宣传活动，让世界更多的人了解中国制度，提升中国制度的影响力和吸引力。

第三节　政治心理学与应急管理心理干预

政治心理学是政治过程与心理过程交互作用的产物，其目的是使人们更好地理解政治行为与政治世界。政治心理学，在政治社会化过程中产生，即社会成员对政治现实的直观反映，也是一种自发的、无意识的、不系统的心理反映，它反映着社会成员对社会政治行为、政治体系和政治现象等方面的感知。

一、政治心理学的内涵

政治心理是客观的政治环境与公民主观意识相互作用的结果，由政治认知、政治情感、政治动机和政治态度构成。人的行为是由其心理支配的，不同的心理必然会产生不同的行为。心理的产生过程是人类自身与外界环境相互作用的过程，种种政治事物和政治现象的出现给予人们新的刺激，由此产生了政治心理，进而引起政治行为。由于个体心理的差异性，政治行为也随之呈现多样性。人们的社会政治心理是对当前社会政治情况的主观反映，包括社会情绪、社会需求和社会动机等。在各种政治信息的影响下，人们会形成一种主观意识，并通过对政治的认知、情感、态度、行为倾向表现出来，进而引导个体在政治参与时的政治行为。积极的政治心理是政治个体或团体在长期的政治生活实践中积淀下来的有利于政治民主化与社会和谐的一种感性的心理反映，表现出健康的政治动机、稳定的政治情绪、强烈的政治认同感和坚定的政治信念等积极状态（谢俊春，2009）。

（一）政治心理学的构成

政治心理就是由政治认知、政治情感、政治态度、政治认同和政治价值多方面相互影响、相互制约，在一系列作用下形成的一个统一的有机体。政治认知是政治心理最基本的要素，指政治主体在社会政治生活中对政治权力、系统和规则等方面的认识、理解和评价。政治情感是政治主体受自身认知影响对社会政治活动表现出的一种复杂且稳定的主观情感反映。政治态度是政治主体看待社会政治生活并做出相应反应的一种主要方式。目前我国进入政治发展的理性稳定期，人民群众政治情感理性程度提高，对现阶段中国发展前景充满希望，富有主人翁意识和社会责任感。政治认同是政治主体在社会政治生活中产生的一种感情和意识上的归属感，民主政治的发展使民主、平等、自由等观念深入人心。政治价值是政治主体根据其已形成的价值观去评价已经或即将发生的政治事件或政治活动，并促进人们做出规范的行为。

（二）个人政治心理学和群体政治心理学

在政治环境的刺激与人类个体主观意识的作用下，政治心理由此产生，其隐匿于人的内心，其外化为政治行为。大众主要通过政治行为来实现目标，达到目的，改造政治环境。政治环境发生变化，继而会修正群体的政治心理。政治心理与政治行为在互动中完善。

一般来讲，政治心理学分为个体心理学和群体心理学。对于个体政治心理的研究，既包括对决策者个体心理状态的研究，也包括对影响政治运行中的个体心理的研究。而对于群体的研究，通常包括对在一些社会政治事件和活动中临时组建的群体、有明确组织纪律和目标的团体、某一特定民族和阶级或阶层等群体的心理研究。群体心理的政治特性较个体心理更加明显，个体在无专门原因指向下聚集成为一个群体，个体会被群体赋予一种集体心理，其特性心理则会被忽略，而政治环境或外部环境对其影响极大。群体心理容易出现群体道德感和责任感的缺失；群体心理具有相互传染的特性；群体中的人非常易于接受暗示，轻信谣言；群体具有强烈的保守性，习惯传统的生活状态，恐惧新事物等。

国家安全、社会稳定的关键之一是民心稳定。如果公众处于危机之中，恐惧、焦虑、愤怒等负面情绪便会产生，一旦形成一定强度和群体规模，便会产生行为趋同、心理渲染、责任扩散、去个性化、从众等群体心理效应，从而引发群体事件。政府应正确有效进行应急管理心理干预，主动引导人心回归理性，唤起大众自救热情和自觉意识，确保社会稳定和国家安全。

（三）政治心理学特征

1. 社会政治性

任何人都不可能脱离社会独立生活，每个社会政治生活中的主体，都依据自己的政治立场、独特的思考与感受方式去评价社会政治事件。在一定社会环境下，人们会产生一些未经过理性加工的主观情绪、感受、动机等。每个社会成员对社会政治事件都有自己的感受和思考，现有的制度行为规定约束着人们的行为，传统的风俗习惯也潜移默化地影响着人们的政治行为。

2. 差异性

社会政治生活的复杂性和多样性及每个人政治感受的经验差异性，导致不同的人具有不同的政治心理倾向。受经济、政治、文化、习俗等因素差异的影响，不同的民众会产生不同的政治心理。

3. 相对稳定性

政治心理的形成是长期的政治社会生活作用的结果，是民众受所处的政治环境长久影响的产物，作为一种精神现象和心理活动，离不开社会客观环境的制约，不会轻易发生改变。而政治行为是政治心理外化的反映，也是民众政治思想认识内化的结果，在短时期内很难发生改变。

二、当代我国民众政治心理学解读

（一）从政治学角度来看

1. 积极性

具有坚定的政治立场是对每一个民众最基本的要求，拥护党的领导和维护国家的和平统一是民众最基本的政治立场。随着人们受教育水平的不断提高，知识和信息获得渠道的不断扩张和多元化，社会成员的政治认知度越来越高，对待政治事件的看法也日趋理性。随着政治体制改革和社会全面深化改革的不断深入，民众的参政意识逐渐增强，积极表达自身的利益诉求，把自己的思想融入政治生活中，给国家政治体制改革注入新的力量。

2. 消极性

在社会政治生活中，由于受教育程度、思想境界和认识的局限性，仍存在部分社会成员为了自己的切身利益，出现贪污腐化、不作为和乱作为的行为表现。由于我国人口众多、地域经济发展不平衡、政治氛围浓淡不一等，部分民众的政治参与热情较低。

（二）从心理学角度来看

1. 中国公民的政治情感

当知觉对象符合公民的政治需要或认知体系时，个体会产生赞同、满意等肯定的心理体验；而当知觉对象不符合公民的政治需要或认知体系时，个体就会产生厌恶和仇恨的负面心理体验。这种情感一旦形成，就很难改变。据认知相符理论，当认知主体对某一对象持肯定态度时，即使出现不符合自己认知的事实，也会在不自知的情况下代入情感来使事实符合自己的原本认知（Benedetta，2018）。中国公民的政治情感主要分为两个层面：一个是暂时和临时性的政治情绪，是政治主体在政治生活中根据政治期望和需求的满足程度而产生的，其对政治行为的影响不是很大；另一个是较为复杂且持续的政治情感，产生于公民对政治关系、政治体系等政治现象的认知过程中。

2. 中国公民的政治态度

政治态度既是心理反应的一种倾向，也是一个综合性的稳定的心理过程，还是一种系统且定型的政治价值体系。当持有积极且肯定的政治态度时，政治主体的行为选择倾向于合作和沟通；而当持有消极否定的政治态度时，政治主体可能较为激进，易造成严重的政治后果。

3. 中国公民的政治认同

认同是一种同一性意识，而政治认同是指人们在社会政治生活中产生的一种情感和意识上的归属感，不仅是对国家的认同，也是对自己的政治角色的认同。政治认同就是人们从内心深处主动、自愿地相信并接受当前的政治观点，并将其纳入自己的价值体系内，影响自己的政治行为。人们的政治认同直接关系到社会政治的稳定与发展。政治认同为政治主体在社会政治生活中带来精神上的归属感，使其自觉地以政治角色和政治地位来规范自己的政治行为。一个理性的"政治人"，为了实现自己的生存和发展，最首要的需求应当是一个高效率的政治体制，使其政治诉求可以得到最大限度的满足，其合法权益和人身安全会受到法律法规和司法体系的保护。当公民的权利诉求得到满足，并能适时地参与政策讨论和制定时，会形成一个良性的循环。中国稳固的政治体制，多元的政治文化和价值观，使得中国公民产生了统一的政治认同，表现为：中国公民对社会主义性质的政治体制持肯定态度，对中国共产党的执政能力感到满意，同时完善的法律体系为中国公民带来安全感和效能感。

三、加强公民政治心理引导，建立健康的政治心理

（一）加强社会主义核心价值观建设，增强公民意识

社会政治思想以政治心理为依托，通过形成相应的政治态度、信念等才可广泛地直接作用于民众的政治行为。构建社会主义核心价值体系，推崇社会主义的政治文化，坚持以社会主义核心价值体系引领社会思潮，最大限度地包容社会主义的民主价值观，使社会主义的价值信念得到人民群众的认同。提高公民同当前社会政治相适应的民主意识，为民众普及法治思想，可以培养公民的参政意识及相关的政治素质和能力。公共秩序的建构要以加强社会的法制建

设为保障，加强社会主义法制建设，能够形成和谐公正的社会法治模式，增加人们对党和社会主义事业的信任，增强公民安全感与有序感。

（二）加强政治文化建设推动公民政治认同

将中华民族的传统精神、儒家的仁义道德观念和中国特色社会主义文化三者有机结合，联系我国的现实国情，以科学发展为主题，健全法制，完善文化政策。大力弘扬中华民族的优秀传统文化，有助于民众形成崇高的理想，提高道德修养，增强和谐相处意识，最大限度地激发民众为中华民族伟大复兴奋斗的热情。

（三）加快政治体制改革，大力发展民主政治

现今我国一些民主制度、法律制度还不健全，需要加强公民良好有序的政治参与，加强对官员权力运行的制约和监督，全党要相信群众、依靠群众，始终把人民群众放在心中最高的位置。不断推进政治体制改革，建立起完善的政治制度，推进依法治国的进程，让人民充分监督权力，让制度发挥作用。增强法律意识和法治观念，倡导公民使用自己的政治权利来表达自己的政治诉求，参与社会政治生活。

（四）注重舆论沟通和媒体的作用

新闻媒体一方面可以将社会政治生活中的有关事件和影响政治生活的问题呈现给公众，满足公众充分的知情权。另一方面为公众提供监督政治体系的渠道，为公众和政治组织提供了新的政治舞台，民众通过给予反馈，促进政治运行良性发展。

（五）注重对民众政治心理的疏导

随着改革开放的不断深入，我国政治体制正面临着转型，应加强科学文化和政治素质教育，坚持"以人为本"，发挥思想政治工

作优势，将政治工作深入到群众中去，维护社会长治久安。为民众提供畅通的诉求渠道，切实保障民众的知情权、参与权、表达权和监督权，提高社会治理能力。

第四节　政治安全下的社会公共安全网络化治理

一、社会公共安全治理

公共安全管理，是指国家行政机关通过公共安全管理，保障公民的合法权益，为社会和公民提供稳定的外部环境和秩序。面对复杂多变的国际发展现状，在总体国家安全观视角下社会公共安全事件的治理是我国维护国家主权安全和发展利益的重要保障，能够促进我国解决好人民内部矛盾，维护社会的稳定与发展，不断提高自身综合实力。

治理是一种由共同目标支持的活动，既包括政府机制，又包含了非政府和非正式的机制。公共安全治理体系的构建是在坚持中国共产党领导的前提下，基于中国特色社会主义的基本前提和人民当家做主的本质性规定，政府通过协商、合作与社会组织、企业单位及普通民众等多元主体一齐运用现代化信息技术，建立起一个权利共享、风险共担、彼此信赖又互为补充的安全组织体系。在构建社会公共安全治理体系的过程中，既需要规范政府的行为，也需要强化对各类社会组织和公民的监督，实现对社会公共安全事务的有序参与和有效治理。

二、网络化治理与应急管理心理干预

社会治理是一种现代化的理念，其核心是"人"的问题，主要关注个体与群体的心理及行为规律和特点，重点是培育"自尊自信、理性平和、积极向上的社会心态"，目标是预防和消解不同主

体之间的冲突与矛盾（白学军 等，2023）。推进网络化治理，要发挥不同的主体在网络中的不同功能：中央和各级地方政府发挥着主导与协调作用；企业提供相应的物质资源和技术资源；非政府组织是沟通政府和民众的桥梁，维护社会治安；媒体保障信息公开透明，安抚民心，维护社会稳定。基于基本国情，在现有的制度框架上创新公共治理，进行"善治"，即在政府与社会合作的框架下，政府通过市场竞争、民主法治等方式在实现自我革新的同时积极吸纳和保护社会组织的力量，让其参与公共事务，从而最终达到社会公共利益的最大化（俞可平，2006）。

目前，网络化治理有许多不同模式，健全公共安全体系，通过多元主体的协同与合作，实行政府主导、社会协同、公众参与、法制保障的网络化管理模式；采用整体风险管理范式，强调政府和全社会一体化，以实现预期利益的政府治理模式（Christopher，2003）；网络型社会是一种新型组织关系，强调了组织之间互动关系构建的网络（Raab & Kenis，2009）。应用"助推"思想，采用心理学方法和技术等"促进"策略，能够以低成本、高效率的方式来诱发、引导和维持公共健康行为改变，从而进行精细化社会治理，这种现代化的治理方式能够通过"由心而治"来实现社会治理效果的"入脑入心"（白学军 等，2023）。

心理健康是每一个人的基本需求和切身利益，影响个人情感和行为，以及社会功能。如今社会快速发展，人们的生活节奏加快，竞争压力加剧，个体心理行为问题及其引发的社会问题日渐突出。开展网络化治理的同时，应加强公共应急管理心理干预。首先，把心理健康建设纳入国家治理体系，在重大政策制定过程中准确把握各类群体的实际需要和心理需求，在社会治理中多听取各方意见，能够从源头上预防和化解矛盾。其次，完善心理服务网络，鼓励培育社会化的心理健康服务机构，积极发挥心理健康服务行业组织作用。再次，提升心理健康服务水平，支持精神卫生机构增强专业能力，健全完善心理疏导和危机干预机制。最后，通过多种形式和平台，广泛开展科普宣传，全面开展心理健康促进和宣传教育，支持开展心理援助志愿服务，注重提高国民心理健康素质。

参考文献

白学军，章鹏，杨海波．（2023）．新时代中国心理学的新使命．中国社会科学网．http://www.cssn.cn/skgz/bwyc/202302/t20230216_5588550.shtml.

胡玉荣．（2014）．强化马克思主义主流意识形态的认同．观察与思考，1：41-45.

宋才发．（2020）．制度优势是"中国之治"的根本优势．广西社会科学，2：20-28.

王海军．（2020）．"中国之治"的制度自信与责任担当——新时代以来国家治理体系丰富与发展的理论逻辑．人民论坛，5：66-67.

谢俊春．（2009）．积极政治心理：西部地区公民有序政治参与的心理基础．电子科技大学学报：社会科学版，11（5）：35-39.

俞可平．（2006）．民主与陀螺．北京：北京大学出版社.

Benedetta, R. (2018). The epistemic value of emotions in politics. Philosophia, 46(3): 589-608.

Christopher, P. (2003). Joined-up government: A survey. Political Studies Review, 1: 34-49.

Matteo, L. T., John, D., Michele, A. R., & Subhash, A. (2020). A journey towards a safe harbour: The rhetorical process of the International Integrated Reporting Council. The British Accounting Review, Online.

Raab, J. & Kenis, P. (2009). Heading toward a society of networks: Empirical developments and theoretical challenges. Journal of Management Inquiry, 18(3): 198-210.

第四章
军事安全应急管理心理学

第一节　军事安全与应急管理概述

习近平总书记在庆祝中国共产党成立100周年大会上的讲话中提到"强国必须强军，军强才能国安"。这句话充分说明了军事安全关系国家的生死存亡和长治久安，是国民安全感获得的有力保证。2022年4月15日，在习近平总书记提出总体国家安全观8周年之际，由中共中央宣传部、中央国家安全委员会办公室组织编写的《总体国家安全观学习纲要》（以下简称《纲要》）出版发行，其第81目到第85目集中阐发了总体国家安全观关于维护军事安全的主要思想观点。第81目，主要阐述了军事安全的重要性和维护军事安全管理总的指导方针、行动纲领，涵括新时代人民军队"四个战略支撑"的使命任务，"全面贯彻习近平强军思想，贯彻新时代军事战略方针"等构成的总要求。第82目，围绕坚持党对军队绝对领导展开，鲜明强调中央军委实行主席负责制，全军对党要绝对忠诚。第83目，集中体现备战打仗的内容，包括军事工作的"四个立起来"、军事战略指导、联合作战指挥、军事训练、战斗精神等。第84目，以总分式结构清晰勾勒出中国特色强军之路的基本框架，从政治建军、改革强军、科技强军、人才强军、依法治军等方面链式展开。第85目，主要反映了构建一体化的国家战略体系和能力，以及加强军政军民团结等内容。

2022年6月中央军委主席习近平签署命令，发布了《军队非战争军事行动纲要（试行）》。《军队非战争军事行动纲要（试行）》共6章59条，认真总结以往遂行任务实践经验，广泛汲取军地相关理论成果，主要对基本原则、组织指挥、行动类型、行动保障、政治工作等进行了系统规范，为部队遂行非战争军事行动提供法规依据。《军队非战争军事行动纲要（试行）》坚持以习近平新时代中国特色社会主义思想为指导，深入贯彻习近平强军思想，坚持总体国家安全观，着眼有效防范化解风险挑战、应对处置突发事件，保护人民群众生命财产安全，维护国家主权、安全、发展利益，维护世界和平和地区稳定，创新军事力量运用方式，规范军队非战争军事行动组织实施，对有效履行新时代军队使命任务具有重要意义。

国防大学习近平新时代中国特色社会主义思想研究中心办公室副主任刘光明认为，"军事安全不能简单地理解为国防和军队建设领域内的安全，如从事军事活动人员的安全、军事设施安全、军事信息安全等，还应扩大视野，立足国家安全全局的高度，把运用军事手段所保障的国家安全都纳入军事安全的范畴。如人民军队捍卫国家主权和领土完整，保卫人民民主专政的国家政权，等等，这些虽然与其他安全领域有交集，但因为维护安全的主体力量是人民军队，也可划入军事安全的领域"。简要总结就是，站位在总体国家安全观的高度上，除战争军事行动外，非战争军事行动也是军事安全的重要内容。

"哪里有危险，哪里就有军人在冲锋；哪里有需要，哪里就有军旗在飘扬。紧紧地和人民站在一起，全心全意地为人民服务，是人民军队的根本宗旨。"每当有重大安全事件以及突发公共安全事件等发生时，人民子弟兵总是奔赴最前线开展救援工作。人民军队自创建以来历经硝烟战火，一路披荆斩棘，付出了巨大牺牲，圆满完成了党和人民赋予的各项任务。2013年11月6日，中央军委主席习近平在接见全军党的建设工作会议代表时讲到"我军之所以能够战胜各种艰难困苦、不断从胜利走向胜利，最根本的就是坚定不移听党话、跟党走"。在党的领导下，人民军队加快强军步伐，建设成为世界一流军队，具备在战时能够抵御一切外来之敌，同时在和平时期的突发公共安全事件应急管理中保障人民群众人身和财产安全、维护社会安定团结的能力。随着我国与世界各国间的交流日益紧密，保护我国海外侨民人身财产安全也成为人民军队的使命，国外恐怖主义和极端势力的存在也使得人民军队需要在处置突发的非战争"撤侨"军事行动中时刻做好战斗的准备。

第二节　军事安全应急管理中的心理学问题

非战争军事行动存在冲突明显、行动对象复杂、任务性质特殊、任务环境多样等方面的特点，这会对军人的心理应对能力提出挑战。国内有关人民军队应急管理方面的心理学研究主要集中于以下几个方面：大量研究关注救灾（特别是地震救灾）过程对军人心理健康的影响（胡光涛 等，2009；胡光涛 等，2010；李敏 等，2009；李权超 等，2009；刘庆峰 等，2009；武小梅 等，2013；伊丽 等，2009；袁水平 等，2010；周喜华，2011）；虽然没有对参与抗击国内突发公共卫生事件的军队医疗人员的心理问题开展过直接研究，但是有研究探讨了人民军队的医疗人员远赴利比里亚抗击埃博拉病毒疫情过程中的心理问题（晏玲 等，2015；杨国愉 等，2015；杨国愉 等，2017；赵梦雪 等，2015）；孟新珍等人（2014）对持续3个月参加维稳任务军人的心理健康状况及其影响因素做了研究；还有一些学者（陈艾彬 等，2022；冯正直，2022；冯正直，徐慧敏，2020；贺岭峰，2016）阐述了军人在战斗过程中可能遭受的心理损伤。通过分析国内研究并借鉴相关国外研究，我们将军事安全应急管理中的心理学问题总结为以下五点。

一、压力

在应急情况下，军人往往面临巨大的心理压力，并带有紧张情绪。这些压力反应包括在作战任务中面对死亡威胁时的神经生物学反应和在高压下感知伤害威胁所诱发的自主神经系统（Autonomic Nervous System，ANS）的激活。具体来说，在 ANS 内，交感神经系统（Sympathetic Nervous System，SNS）应对危险反应时精细运动协调、视觉、听觉、注意力、处理速度、记忆编码和检索能力会减弱或丧失，往往表现为心率过快、呼吸困难、肌肉紧张和异常运动（例如，颤抖）、头痛、恶心和出汗等生理症状；而副交感神经系统（Parasympathetic Nervous System，PNS）的后续抑制反应则允许大脑恢复初级额叶功能并调节生理反应。

救援任务的紧迫性和不确定性也会增加军人的心理压力。军人的责任感和使命感会给他们带来极大的压力。在救援过程中，军人往往需要面对恶劣的自然环境，如地震、洪水、泥石流等。军人需要进行长时间高强度的体力劳动，如搬运重物、挖掘废墟等，这会给身体造成极大的生理压力。救援现场的惨烈情景，如伤亡者的尸体、受伤者的哭喊、失去家园的人们的绝望情绪，都会对军人的心理造成严重的冲击，使其产生急性心理应激障碍。军人在救援过程中，还有可能会遇到无法救助的受灾者，或者无法及时救出被困人员，这种无力感和悲伤会给他们带来巨大的情感压力。同时，救援任务的结果也会受到社会和媒体的关注，军人的行动和表现会受到公众的评价，这种来自外部的期望和评判也会给他们带来压力。

二、恐惧和焦虑

在紧急情况下，恐惧和焦虑是常见的心理反应。冯正直和夏蕾（2018）总结我国军人在非战争军事行动中的心理问题的特点及影响因素时发现，与军事演习和维和行动相比，在抢险救灾中军人心理问题的发生率最高；而恐惧和焦虑在这三种非战争军事行动中广泛存在。救灾过程使军人产生恐惧和焦虑的原因往往有以下几种。

军人在救灾时可能会面临不熟悉的环境、未知的危险以及不可预测的事件，这种不确定性会导致他们感到焦虑和担忧（Carleton et al.，2018）。灾害如地震、洪水、火灾等，可能会直接威胁到军人的生命安全，从而会引起军人的生理和心理应激反应，导致其恐惧和焦虑。军人在救灾中承担着保护人民生命财产安全的重大责任，这种责任感会导致他们产生巨大的压力和焦虑情绪。救灾现场的紧张氛围和受灾群众的恐慌情绪可能会通过情绪传染的机制影响到军人，导致他们也产生焦虑和恐惧（Hatfield，1994）。

三、创伤后应激障碍和抑郁

虽然绝大多数的军人都能够较好地自我调整，使自己能够胜任新的岗位或任务，然而对于一些军人来说，急性、慢性和积累的压力反应可能会超过个体的承受能力，导致临床水平的损害，如创伤后应激障碍和抑郁症。

在应急事件中，部分人员可能会经历创伤性事件，导致创伤后应激障碍。创伤后应激障碍是创伤后心理失衡状态，其间肾上腺素和皮质醇的激素分泌水平增高，导致神经递质失衡。创伤经历包括：直接经历了创伤事件、反复暴露/极端接触（例如收集人类遗骸）、目睹他人经历创伤事件（含令人不安的画面和痛苦的回忆）、经历与创伤性事件相关的、持续的且无法控制的痛苦或严重的情绪/身体疼痛、时刻处于警惕危险的状态（例如紧张、极度焦虑、时刻警惕危险）等。创伤后应激障碍会导致患者从事自我毁灭和鲁莽的危险行为、无法集中注意力并忘记创伤事件的重要部分、消极地看待事物、感觉与朋友和家人疏远、情绪麻木或对不可预知的暴力爆发感到易怒和愤怒、产生自杀或杀人念头等。

抑郁症是由于个体主观上的抑郁情绪或对大多数活动的兴趣减退而导致的基本功能改变的精神障碍，它主要表现为多种抑郁症状的组合和叠加。例如睡眠障碍、内疚或无价值感、精神不振、食欲下降或者暴饮暴食、注意力减退、绝望感、想死的念头或者自杀企图等。其中自杀企图是抑郁症中最需要关注的问题。

在应急事件中，军人可能直接经历生命威胁、严重伤害或目睹他人受到严重伤害，这些创伤经历是创伤后应激障碍和抑郁的主要诱因（武小梅 等，2013）。高强度、高压力的工作环境可能导致军人心理适应机制失衡，增加罹患创伤后应激障碍和抑郁症的风险。军人在应急事件中可能会经历强烈的情感体验，如恐惧、悲伤、愤怒、无助等，这些情感体验可能会加深症状。在应急事件中受到的身体伤害也可能加重军人的心理创伤，增加创伤后应激障碍和抑郁的发生率。应急事件中资源的缺乏导致军人可能无法及时获得必要的心理支持和治疗，延长创伤的恢复过程，增加创伤后应激障碍和抑郁的风险。社会和文化对创伤的认识和处理方式也会影响军人的心理，在一些文化中，对创伤体验的忽视或贬低，可能阻碍军人寻求帮助，加重其创伤后应激障碍和抑郁的症状。

四、决策偏差

管理者的决策质量将对应急管理起到决定性的作用（范维澄，闪淳昌，2017）。然而针对突发事件做出决策对于心理来说确实是一项艰巨的挑战，罗森塔尔等人（Rosenthal et al.，1989）认为突发事件是对社会既定的基本价值和行为准则产生严重威胁，必须在短时间和信息不全面的状态下做出决策的事件。心理学的研究表明，突发事件的这种特点与人脑的决策规律会发生较大冲突。范维澄和闪淳昌（2017）在《公共安全与应急管理》一书中总结了突发事件导致决策偏差的几种情况：

突发事件通常要求决策者快速地反应，而人脑的精确计算需要大量的时间，在时间压力下会产生更多的决策偏差。

在应对突发事件时通常会缺失必要的信息，而人天生有一种对在不确定或模糊情境下决策的厌恶，人对风险决策的偏好对主观决策影响较大。

信息并非越多越好，社会情境的纷繁复杂也经常会导致信息过载，人脑加工信息的容量十分有限，信息过载将降低人脑的决策效率。

突发事件的重大性、时间紧迫性、不确定性和庞杂的信息往往会给人造成巨大的心理压力，使人陷入应激状态。人脑决策容易受身心状态的干扰，应激状态下人脑的决策模式将被固化。

应激状态会引发人恐惧、焦虑、畏难、规避等自动的情绪反应，情绪对决策的影响十分可观，易使决策产生偏差。

重大事件发生时往往需要团队的力量去应对，群体决策会受到人与人之间的交流效率的限制，因而会降低决策优度。

最后，对社会伦理问题的顾虑也可能使决策者在面对问题时犹豫不决，降低决策效率，错过问题解决的最好时机。

五、军事装备引发的心理学问题

军人在执行军事任务时，经常会与各种军事装备产生交互：从随身枪支、个人防护用具，到各种交通装备，如运输车辆、具备火力攻击和其他特殊功能的载具、水面和水下舰艇及各型军事飞机等。各种电子侦察装备能帮助军人迅速构建战事场景，各类重火力打击单元则为军人提供了打击敌人的手段，如果军事任务的规模不大，那么单兵武器、枪支以及目前应用广泛的无人机，也是军人维护自身安全和打击敌人的利器。

然而这些军事装备对军人来说并不总是友好的。例如，美军在越南战争期间，经常抢夺越南军队所使用的AK-47步枪，而抛弃其配发的不适合在越南潮湿环境中所使用的M-14步枪。类似M-14步枪这样在紧急时刻不为军人提供安全保障的军事装备，会给军人带来严重的生命威胁和心理压力。此外，除了单兵武器，一些大型装备例如雷达、战斗机和军舰等的操作平台虽为军人提供了高度集成化的信息，但也会使军人的工作负荷持续增加，给军人造成压力，使其产生倦怠感。换句话说，这些信息高度集成的现代武器操作平台对军人心理素质的要求超出了他们的心理承受能力，因此也可能导致一系列的心理障碍，造成军人武器操作失误问题，危害军人的生命安全。

第三节　军事安全下的应急心理管理措施

一、军事压力诱发的心理健康问题及应对

近年来，我国军方特别注重军人的心理健康。在基层连队配备了心理减压室/放松室，在各级联勤保障职能部门派驻专业心理咨询师，对各级领导干部（特别是政工干部）加强心理健康专业知识的培训，以及定期开展针对基层官兵的心理健康知识讲座。在军人个体的压力应对上，有如下的心理应对策略：

（1）认知压力缓解。认知压力缓解法是源自认知行为疗法的心理学方法，它重点关注厌恶情绪反应的认知成分，这种方法目前已被证明可减轻各种心理障碍中的压力反应，限制进一步恶化和损伤（Butler et al.，2006）。当军人实践这些策略时，他们的自信心和对压力的信念可能会改变。

（2）问题导向型应对。已经有研究强调了评估和有效应对在应对压力中的关键作用（Jennings et al.，2006）。应对包括以情绪为中心的应对和以问题为中心的应对，前者指的是对压力的情绪反应的调节，后者指的是努力改变压力的条件特征（Lazarus & Folkman，1984）。自我效能对于管理压力反应非常重要，因为自我效能或对自己能力的信心是行为改变的重要组成部分（Bandura，1997）。应对自我效能感有三个主要组成部分：①相信自己有能力阻止不适应的想法；②相信自己有能力找到解决问题的办法；③相信自己有能力获得社会支持（Chesney et al.，2006）。拥有积极的问题导向意味着将问题视为挑战或机遇，而不是不可克服的挫折。具有积极问题导向

的人能够认识到负面情绪，能理解体验负面情绪是解决问题过程的一部分，并有信心、有计划地解决问题（D'Zurilla & Nezu，1982）。

针对PTSD，民用部门和军事医学领域有许多不同类型的治疗方法和创新治疗模式。目前循证治疗方法比较流行，以循证为基础的PTSD心理治疗方法包括：认知行为治疗、眼球运动脱敏再处理、药物治疗和其他类型的治疗方案。而在抑郁症方面，肯尼迪和齐尔默（Kennedy & Zillmer，2017）认为认知行为疗法是治疗抑郁症最为成熟的方法之一，这种方法一般采用行为干预和认知技术的组合来识别和矫正非适应性思维、生活方式和核心信念。与认知行为疗法及其疗效相类似的另一种疗法是人际关系疗法（interpersonal therapy）。人际关系疗法主要关注当前的人际关系和与抑郁症状相关的事件，是一种有时间限制（一般为12到16次）的治疗方案，目的在于通过解决人际关系问题以进一步地改善抑郁症状。周锡芳等人（2014）也报告了中医在治疗军人抑郁中发挥的重要作用，她们发现，在门诊抑郁症患者接受中医药治疗的同时对其施以综合干预，不仅有效控制了抑郁症状，而且患者认知、理解、推理、判断等方面的缺陷得到了明显的改善，心理社会功能也得到了进一步完善，生活的主动性、活力、信念、兴趣及工作的持久性明显提升。

二、军事决策能力的培养

孙慧明和傅小兰（2013）从美国军队的军事决策研究中，归纳出四种提升军事决策的途径：要求指挥员学会像专家一样思考；加强旨在提高指挥员直觉能力的、针对性的军事训练；强调战史学习的重要性；强调指挥部特定的决策氛围。

（一）学会像专家一样思考

这种方法主要针对新手军事指挥员。罗斯等人（Ross et al.，2005）的研究表明，在军事决策上，新手军事指挥员经常陷入困境，他们常会花费大量的时间拟定多个作战方案，而后反复对这些方案的优劣进行比较；未能借助心理模型以深入思考一个适合当前情景的作战方案。然而一旦新手军事指挥员形成类似于专家一样的再认技能，就可以帮助军事指挥员节省时间和心理资源，从而将有限的心理资源投入动态的战场环境中去。

（二）针对性的军事演习和训练

形成与专家一样的思考方式，往往需要大量的实战经验，在战争中锻炼军事决策能力是提升军事决策能力最直接和有效的办法。毫无疑问，在当今国际安全局势下，和平与发展是主流，这也就意味着军事指挥员很少能获得实战机会。因此如军事演习一样，提高指挥员直觉能力的、针对性的军事训练就显得至关重要。

军事演习和训练必须迫使军事指挥员经常处于与其职位相对应的高压环境之下；必须迫使他们始终面对过量的战场信息；必须迫使他们习惯在信息不完全，以及充斥着各种矛盾和虚假信息的变化情境下决策；必须迫使他们经常在寒冷、嘈杂、疲劳等状态下确定作战方案。

（三）对于战争历史的学习

除了重视通过针对性的军事演习和训练来增加军事指挥员的直接经验之外，还可以通过战争历史的学习来丰富指挥员的间接经验。军事指挥员需要充分关注和分析某一战役的具体决策过程：例如当事的指挥官为什么会做出那种决策？做出那个决策时，他掌握了哪些战场信息？哪些信息他没有掌握到？这一决策是否及时？他随后又做了什么决策？做出该决策的原因是什么？该决策的后果又是什么？甚至对于一些典型战役，指挥员应该到战场实地进行考察以增强对该战役的理解（McCown，2010）。

（四）指挥部特定的决策氛围

指挥部应该鼓励下属指挥员和参谋人员构建出做决策的氛围，

从而将直觉决策的文化植入整个部队，以提高指挥部的军事决策效率，随时掌握战场的主动权。

三、深入开展军事工程心理学研究

在现代战争环境下，军人的生理和心理素质、武器装备的性能等都会对作战目标的达成起到重要作用。而研究如何利用心理学提升军人的作战能力以及发挥武器装备的最大作战效能正是军事工程心理学（人因学）的研究范畴。在《牛津军事心理学》中，工程心理学被描述为研究阐述和预测执行工作任务时个人及团体的行为表现的学科，这些工作任务一般指操作工作设备（例如，车辆、通信及计算机系统、武器、控制中心等）。工程心理学讲究跨学科研究。这些学科包括人体测量学、生理学、生物力学、任务分析学等。而这些学科的结合也催生了新的学科，如"人类工程学""人因工程学""人类工效学""人因工程"和"人类系统设计"。从某种意义上来看，军事工程心理学是这些学科的一部分，因为工程心理学专注于"脖子以上的人因学"，也就是强调作为人类心理行为的生理机制的大脑的一般规律；而一般性的人因学关注的则是"脖子以下"的问题（Wickens et al.，2012）。

克鲁格（Krueger，2013）认为军事工程心理学的发展大概经历了四个发展阶段：

萌芽期——第一次世界大战。军事工程心理学的起源可以追溯到1917年第一次世界大战时期。在这一时期，心理学被用于完成士兵选拔、评级及军事人员任务分配等方面的心理评估工作。同时也对军人的生理和心理问题展开了一些研究，例如操作武器及车辆时的视觉加工、高海拔对飞行员的认知过程的影响、对操作员进行地面和舰艇武器的观察瞄准以及跟踪系统的训练等。心理学家针对军事装备使用情景开展了逻辑严谨、设计巧妙的实验，开发了新的绩效测量方法，以对最新选拔和培训的士兵、飞行员及海军陆战队员在极端和应激条件下的工作进行评估。在战争期间将心理学的研究方法运用到解决军人作战实际问题就是工程心理学的最初起源。

发展期——第二次世界大战期间及"冷战"初期。第二次世界大战期间，有大量的心理学家与军事装备工程师合作，设计和优化新型军事装备，如雷达、声呐、飞机的高精尖仪器设备，船舶控制室等。在这些军事装备设计和制作完成后，需要具备丰富的实验心理学知识的专业人士对人员控制和操作精密技术系统的过程进行评估。这提升了军人提高军事装备的效率，以最大程度发挥技术装备优势。此外，心理学家在人员的测试、选拔、分类、训练等方面的贡献对战争的胜利起到了积极的影响，并且这为未来的工程心理学的发展指明了方向。此后，到"冷战"初期，美国政府内部的军事工程心理学项目大幅增加。在史蒂文斯（Stevens，1951）组织编写的《实验心理学手册》中，由菲茨（Fitts）所撰写的"工程心理学及设备设计"这一章节，首次提出了"工程心理学"这一术语。

增长期——20世纪五六十年代。自"美苏争霸"以来，美国和苏联展开了人类历史上最大规模的军事装备竞赛。例如，1957年苏联发射了第一颗人造地球卫星，直接刺激了美国政府加大对科学技术领域，特别是航空航天领域的经费和人力支持。在此背景下，美国国家航空航天局（National Aeronautical and Space Administration，NASA）和高级研究项目局（Advanced Research Projects Agency，ARPA）先后成立，并聘请工程心理学家开展相关研究。

此后，在1950年到1970年期间，美国政府及各联邦基金支持的研究机构做了大量的军事工程心理学相关研究。这些研究包含多人情景的实验室研究以及在复杂系统操作背景下对环境信息做出反应的人—机对话研究。研究方法包括操纵、同步、控制变量，收集客观数据及结果的量化，以及军人操作行为的实验模拟。不过，由于涉及军事机密，这些重要的研究成果很少发布在公开的期刊和书籍上。

成熟期——20世纪六七十年代。"冷战"后期，军事工程心理学迅速发展，主要体现在以下两个方面：一是一些专业期刊被开创以公开发表各个国家和研究机构开展的军事工程心理学研究。这些期刊包括《人的因素》（*Human Factors*）、《工效学》（*Ergonomics*）、《应用工效学》（*Applied Ergonomics*）、《认知工程与决策杂志》（*Journal of Cognitive Engineering and Decision Making*）、《实验心理学杂志：应用》（*Journal of Experimental Psychology：Applied*）、《安全科学》（*Safety Science*）等；以及我国的《心理学报》《心理科学》《心理科学进展》《应用心理学》和《人类工效学》等期刊。二是成立专业的学术协会，例如美国的工程心理学会（美国心理学会下的第21分部）和人体工程协会，我国的工程心理学会、军事心理学会和人类工效学会等。

当前军事工程心理学主要研究方向：

（1）军人的心理选拔和训练。心理选拔和训练是提高军人个体和团体工作绩效和战斗效能的重要环节，两者功能各有不同：选拔是针对那些难以提高和改进的个体特质展开的，其目的是选拔可接受特殊训练的人员进入部队；而训练则是在一定的基础之上，学习专有知识、提升专业技能、改善环境适应能力，以达到部队的基本要求。

在选拔时，应该重点开展相关研究，进一步明确哪些特质必须进行选拔，哪些特质是可以通过训练来提高的，从而精简选拔的内容和项目，提高训练的针对性。同时需要充分考虑不同军事装备对军人造成的心理影响。由于心理活动的复杂性和选拔技术的局限性，多数情况下入门选拔并不能很好地预测一个人军事职业生涯各时期的表现。因此，分阶段选拔的研究对提高部队作业效能具有重要意义。

传统军人心理选拔多注重个体的选拔，而忽视了团体选拔。而军事行动往往以团队为单位进行，因此团队成员选拔具有重要意义。由具有不同知识、技能、能力和人格的成员组成的团队在绩效方面也存在较大的差异。因此，应在成员搭配方面进行深入研究。注重人—组织匹配研究。传统人员选拔多注重人—岗匹配，对人—

组织匹配研究较少。人—组织匹配是指个人的人格、信念、价值观和组织的文化、规范及价值观相一致，其基本思想是个体特征和组织特征的匹配对个体和组织绩效有重要的影响。

（2）"以人为中心"的军事装备设计。军事工程心理学家认为，在指挥方面，人的长处是对于情况变化具有高度的灵活性和适应性，能在不确定情况下选择行动方法、迅速纠正错误。人的短处是容易疲乏，注意力易分散，信息处理速度慢，运算的准确性差；而自动化指挥系统的长处和短处与人基本相反。因此，由人来负责指挥工作中的创造性活动，由自动化指挥系统负责非创造性活动，这样的人机系统就可以大大提高指挥的效率和准确性。

人与机器在功能上各有长短，分析系统中各个环节的要求和作用，确定最适合由人或机器做的工作，是人机系统设计中的一项重要内容。一般来说，强度大、速度快、精度高、单调、操作条件恶劣的工作应安排机器去做，拟订方案、编制程序、应对不测、故障维修等工作适合由人去做。随着计算机和自动控制技术的发展，人机功能分配也会有所变化。

机器通过显示器将信息传送给人，人通过控制器将决策和指令信息输送给机器。人机信息交换的效率，很大程度上取决于显示器和控制器与人的感知器官、运动反应器官特性的匹配程度。为使配合更加得当，就要研究显示器和控制器的物理特性与人的感知、记忆、思维、运动反应等身心特点的关系。例如，研究视觉显示符号的形状、大小、颜色、亮度、空间密度、变化速度与人的视觉功能的关系，研究声音频率、响度、持续时间、变化速度与听觉功能的关系，研究控制器的编码、力矩、阻力、距离、运动方向等因素对人的操作绩效的影响，等等。在复杂的装备系统中，军人往往面对着几十甚至几百种具有不同功用的显示器和控制器，若设计或安排不当，就容易发生误读和误操作而导致重大军事事故。

军事装备设计还与军人工作空间和工作环境有关。工作空间设计主要包括工作空间的大小、显示器和控制器的位置、工作台和座位的尺寸、工具和加工件的安排等。工作空间的设计要适应使用者的人体特征，以保证工作人员能够采取正确舒适的作业姿势，达到减轻疲劳、提高效率的效果。

照明、噪声、温度、振动、湿度、气压等物理环境因素都会对军人的工作绩效和身心健康造成影响。处于高空、地下、水下等特殊环境中的军人，有可能经受超重、失重、高温、低温、高压、低压、缺氧等异常因素的冲击。因此，研究特殊环境条件对军人行为的影响，对设计空间舱和在地下、水下工作的人机系统有重要意义。

（3）人与自动化系统交互。当自动化的装备系统的行为与其使用者的心理模型（如期望或意图）失匹配（Dekker，2014）的时候，就可以认为人机交互存在缺陷。在长期使用自动化系统后，操作者通常会过于信任自动化（自满），形成自动化依赖。受自满和自动化依赖的影响，军人一般认为输入参数一旦设定好，军事装备就会执行相应的功能，表现出使用者期待的行为。然而当军人观察到自动化系统没有按照他们的期待执行（或不执行）相应的功能时，他们会对自动化系统的行为感到意外，会让军人产生错愕感，在紧张的战争环境下，他们的情景意识容易下降，可能会产生严重的危害。因此在设计新的军事装备时应注重人与自动化系统的交互。

参考文献

陈艾彬，尹倩兰，王朔等．（2022）．战争条件下的心理损伤及心理应战能力的发展现状．海军军医大学学报，43（7）：827-831．

范维澄，闪淳昌．（2017）．公共安全与应急管理．北京：科学出版社．

冯正直．（2022）．战斗应激心理伤早期救治进展．陆军军医大学学报，44（19）：1905-1910．

冯正直，夏蕾．（2018）．非战争军事行动军人心理问题特点及影响因素．第三军医大学学报，40（6）：459-465．

冯正直，徐慧敏．（2020）．战争心理损伤形成与防护：基于心理学视角．第三军医大学学报，42（16）：1579-1585．

贺岭峰．（2016）．战斗力生成视域中的战时心理防护机制的研究进展．第三军医大学学报，38（1）：8-15．

胡光涛，李学成，李敏等．（2010）．汶川地震1周年救援官兵心理应激状况及危险因素分析．第三军医大学学报，32（6）：607-610．

胡光涛，李学成，王国威等．（2009）．赴北川抗震救灾某部官兵急性心理应激障碍及影响因素调查．第三军医大学学报，31（15）：1491-1494．

李敏，汪涛，李培培等．（2009）．汶川地震救援武警官兵心理应激特点．第三军医大学学报，31（14）：1397-1398．

李权超，于泱，傅建国．（2009）．地震灾害救援军人心理特征及干预策略．中国职业医学，36（4）：348，350．

刘庆峰，郭小朝，苏芳等．（2009）．地震救援军人创伤后应激症状发生的相关因素．中国心理卫生杂志，23（7）：484-487．

孟新珍，丁魁，宋永斌．（2014）．异地3个月维稳官兵心理健康状况及其影响因素．解放军预防医学杂志，32（6）：533-534．

孙慧明，傅小兰．（2013）．直觉在军事决策中的应用．心理科学进展，21（5）：893-904．

武小梅，刘伟立，张迪等．（2013）．救援军人创伤后应激障碍阳性检出率及心理社会影响因素研究．军事医学，37（11）：843-846．

晏玲，杨国愉，王皖曦等．（2015）．赴利比里亚抗击埃博拉病毒病军人急性应激反应特点．第三军医大学学报，37（11）：1131-1134．

杨国愉，晏玲，王皖曦等．（2015）．中国赴利比里亚抗击埃博拉军人心理健康的追踪研究. 第三军医大学学报, 37 (22): 2229-2236.

杨国愉, 晏玲, 张晶轩. (2017). 赴利比里亚抗击埃博拉军人心理健康需求特点及心理干预研究. 西南大学学报 (社会科学版), 43 (2): 114-119.

伊丽, 武国城, 万憬等. (2009). 抗震救灾官兵心理健康状况及相关因素分析. 心理科学进展, 17 (3): 567-569.

袁水平, 黄圣排, 赵学军等. (2010). 某部5·12抗震救灾战士的心理健康状况及应付方式调查. 中国临床心理学杂志, 18 (1): 91-92.

赵梦雪, 杨国愉, 晏玲等. (2015). 138名赴利比里亚抗击埃博拉病毒病军人不同任务阶段正负性情绪变化特点. 第三军医大学学报, 37 (21): 2160-2164.

周锡芳, 单守勤, 闫韦娟等. (2014). 中国军人抑郁症研究进展. 中国健康心理学杂志, 22 (10): 1584-1586.

周喜华. (2011). 舟曲救灾官兵心理创伤与社会支持及自我和谐关系. 中国公共卫生, 27 (7): 861-862.

Bandura, A. (1997). Self-efficacy: The exercise of control. New York: Freeman.

Butler, A. C., Chapman, J. E., & Forman, E. M., et al. (2006). The empirical status of cognitive-behavioral therapy: A review of meta-analyses. Clinical Psychology Review, 26(1):17-31.

Chesney, M. A., Neilands, T. B., & Chambers, D. B., et al. (2006). A validity and reliability study of the coping self-efficacy scale. British Journal of Health Psychology, 11(3):421-437.

Dekker, S. (2014). The field guide to "human error" (3rd ed). Ashgate, Farnham, UK.

D'Zurilla, T. J., & Nezu, A. M. (1982). Social problem solving in adults. In P. C. Kendall (Ed.), Advances in cognitive-behavioral research and therapy (Vol. 1:201-274). New York: Academic Press.

Fitts, P. M. (1951). Engineering psychology and equipment design. In S. S. Stevens (Ed.), Handbook of experimental psychology(pp. 1287-1340). New York: Wiley.

Hatfield, E., Cacioppo, J. T., & Rapson, R. L. (1994). Emotional contagion. Cambridge University Press.

Jennings, P. A., Aldwin, C. M., & Levenson, M. R., et al. (2006). Combat exposure, perceived benefits of military service, and wisdom in later life: Finding from the normative aging study. Research on Aging, 28(1): 115-134.

Kennedy, C. H., & Zillmer, E. A. (2017). 军事心理学：临床与军事行动的应用（第二版）（王京生译）. 北京：中国轻工业出版社.

Krueger, G. P. (2013). 军事工程心理学：回顾与展望. Janice, H. L. (Eds.), 牛津军事心理学（杨征译）. 北京：科学出版社.

Lazarus, R. S., & Folkman, S. (1984). Stress, appraisal, and coping. New York: Springer.

McCown, N. R. (2010). Developing intuition decision making in modern decision making leadership. Newport, RI: Naval War College.

Rosenthal, U., Charles, M. T., & Hart, P. T. (1989). Coping with Crises: The Management of Disasters, Riots, and Terrorism. London: Charles C. Thomas Publishing Ltd.

Ross, K. G., Lussier, J. W., & Klein, G. (2005). From the Recognition Primed Decision Model to Training. In T. Betsch & S. Haberstroh (Eds.), The Routines of Decision Making:327-332. Mahwah, NJ: Lawrence Erlbaum Associates.

Wickens, C. D., Hollands, J. G., & Parasuraman, R., et al. (2012). Engineering psychology and human performance. Upper Saddle River, NJ: Pearson.

第五章
经济安全应急管理心理学

第一节　经济安全概述

　　新冠疫情的暴发对全球经济和金融体系造成了严重冲击。几乎所有国家都遭受了疫情的侵袭，各行各业都受到不同程度的影响。例如，2020年2月摩根大通全球制造业采购经理指数（Purchasing Managers' Index，PMI）大幅下跌至47.2。国际货币基金组织（International Monetary Fund，IMF）和经济合作与发展组织（Organisation for Economic Co-operation and Development，OECD）等国际组织纷纷大幅下调2020年全球经济增速预期。2020年第一季度中国经济总量同比下降6.8%，社会消费品零售总额同比下降19.0%，货物贸易进出口总额同比下降6.4%。更值得注意的是，疫情防控期间失业人口剧增导致个体社会认同感和对社会治理的信任感明显下降，负面情绪也随之产生。同时，社会上出现的一些谣言和不实信息也曾一度引发民众不安和恐慌。此外，囤积防疫物资和哄抬价格的行为也对社会治安产生了负面影响。由此可见，一旦国家经济安全受到威胁甚至陷入危机，将可能对人民的物质生活、精神世界以及社会安全产生深远的影响。保障经济安全是国家发展的重要前提和基础，同时也是国家政治安全和军事安全的保障。本节主要阐述经济安全的概念、我国经济安全的现状以及经济危机带来的严重后果，为进一步分析提供理论基础。

一、经济安全

经济安全问题受到国内外学术界的广泛关注。《中国国家安全报告2019》中提到"国家经济安全是国家安全的重要组成部分，是国家安全的基础，是政治安全和军事安全的依托，是人民安居乐业、社会安定有序的基础保障。国家经济安全包括国家经济体系的完整性和稳定性、国家经济体系的实力和发展潜力、国家经济与全球经济的互动、国家资源环境和经济可持续发展能力的保障等方面"。从这段论述中不难看出经济安全这一概念的复杂性。因此，下文主要对国内外学者们的相关研究进行介绍。

（一）国内外研究现状

国外对经济安全问题的研究最早可追溯到20世纪60年代。基于当时的冷战背景，经济安全主要是政治和军事安全的附属品。当时的国外学者们大多认为国家经济安全是经济竞争力及其带来的相应的国际政治地位和能力，主要强调国家的能力，包括国家的经济生存力与竞争力、抵御内外威胁的能力、经济发展的控制力以及国内和国际环境的维持力等（Buzan，1991）。20世纪70年代石油危机爆发后，日本的产业结构遭遇挑战，部分日本学者开始关注经济安全问题。1980年，日本政府在国家综合安全报告中首次使用了"国家经济安全"这个词语，着重强调维护国家经济安全的重要性。此后，经济安全在国家安全中的地位迅速上升，比如美国于1993年将经济安全作为对外政策的主要目标（牛军，1998），1994年墨西哥在经历金融危机后非常重视金融风险防范，1996年俄罗斯政府也提出了"俄联邦国家经济安全战略（基本原则）"等（王逸舟，1999）。

中国对经济安全的研究相对国外发展较晚。自改革开放以来，中国学者们高度重视经济安全的研究，并将其作为国家安全的重要组成部分。1997年的中共十五大报告中指出要"正确处理对外开放同独立自主、自力更生的关系，维护国家经济安全"。1994年中国社科院出版的《中国经济面临的危险——中国经济安全论》一书成为我国经济安全研究的奠基之作（赵英，胥和平，1994）。此后，许多学者在经济安全研究领域做出了重要贡献。比如，赵英和胥和平（1994）认为国家经济安全是指一个国家的竞争力，一个国家抵御国内外各种干扰、威胁、侵袭的能力；雷家骕（2000）认为"国家经济安全主要指一国经济在整体上基础稳固、健康运行、稳健增长、持续发展，在国际经济生活中具有一定的自主性、自卫力和竞争力，不致因为某些问题的演化而使整个经济受到过大的打击和（或）损失过多的国民经济利益，能够避免或化解可能发生的局部性或全局性的经济危机"；路志凌（2001）认为"国家经济安全可以概括为一国经济免于受金融市场紊乱、大规模的贫困、通货膨胀、失业、商品不安全、生态危机等经济危机因素的冲击而处于稳定、均衡和持续发展的状态"。

（二）相关流派

学者们对国家经济安全的定义主要可以分为状态说、能力说、状态和能力结合说以及控制说等不同的流派。其中，经济安全的状态说强调国家经济安全是一种状态，即国家在经济领域中处于何种状态，包括安全与不安全以及稳定与不稳定。当面对外部和内部威胁时，更需要关注国家经济所处的状态，了解国家经济现状和问题并及时做出调整。经济安全的能力说认为经济安全指国家经济发展具有抵御国内外各种干扰、威胁和侵袭的能力。比如顾海兵等（2007）将国家经济安全定义为"通过加强自身机制建设，使一国经济具备抵御外来风险冲击的能力，以保证国家的经济在面临外在因素冲击时能继续稳定运行、健康发展"。经济安全的状态和能力结合说顾名思义既强调状态也强调能力，即经济安全既是一种稳定的状态同时国家也具备危机应对的能力。比如，高志刚（2016）认为国家经济安全是指"一个国家在经济发展过程中能够有效消除和化解潜在风险，抗拒外来冲击，确保国家经济发展、经济主权不受外国和国际威胁的一种状态，并拥有能够抵御风险和威胁的能力"。最后，经济安全的控制说指的是使国家经济系统处于对内外风险和危机有效防控的状态。该流派特别关注国家经济系统是否具有对风险和危机的控制力（叶卫平，2010）。因此，建立完善的风险预警和管理机制对国家经济安全至关重要。

二、中国经济发展现状

中国经济自改革开放以来取得了令人瞩目的成就，但同时也面临着多方面的挑战和风险，包括经济结构转型、金融风险、国际形势不稳定以及资源和环境问题等。尤其是自新冠疫情暴发后，全球经济陷入发展极度不稳定的状态。下文主要从我国经济发展取得的成就以及风险和挑战两方面对中国经济发展现状进行介绍。

（一）取得的成就

中国经济发展取得的成就包括但不限于经济总量快速增长、科技水平不断进步、脱贫攻坚取得全面胜利、基础设施建设稳步前进以及投资规模持续扩大等。具体来看，在经济总量方面，中国经济总量已经从1978年的约3679亿元增长到2020年的突破100万亿元，成为世界第二大经济体，综合国力进一步提升。在科技领域，中国发布了人工智能发展规划，提出了到2030年成为全球领先的人工智能强国的战略目标。同时，华为、阿里巴巴和腾讯等企业在该领域通过日积月累的努力也取得了长足进展，使中国能够渐渐成为全球科技领域的重要参与者乃至引领者。在脱贫攻坚方面，在中国政府的不懈努力下，中国贫困人口数量已经从1978年的7.7亿人减少到了2020年的约550万人。至2020年11月23日贵州贫困县成功实现"清零"后，中国的脱贫攻坚战也圆满收官。在基础设施建设方面，中国机场、公路、铁路和桥梁等建设水平已跻身世界前列。同时，中国大力推进建设智能交通等新型基础设施，深度融合信息化、工业化、城镇化和农业现代化。在经贸往来上，中国不断完善相关规章制度，推出相应的政策引进外资。同时，中国企业也积极走出国门，在国际市场上发挥越来越重要的作用，国内外经济贸易往来十分活跃，合作愈加紧密。这些成就是中国高质量发展的坚实基础。未来，中国将继续推进结构性改革，加强创新和科技应用，不断完善基础设施建设，深化对外开放，努力实现高质量发展。

（二）风险和挑战

中国经济发展迅猛，这也导致各类经济安全隐患因未能得到及时处理而不断积累下来，威胁着国家经济安全。同时，随着经济全球化程度的不断加深，中国的国家经济安全面临着越来越复杂的国际环境，这也会对中国的经济发展产生一定影响。具体来说，中国经济发展面临着以下几个方面的风险和挑战。

其一，中国经济正面临着从资源密集型、劳动密集型向技术密集型、知识密集型的转型挑战。实现经济转型首先需要各级政府和企业持续性研发投入，在此基础上，国家还需要拥有更高层次、更广泛的人才储备，包括研究人员、管理人员、技术工人等多方面的人才。另外，这类产业对基础设施建设和制度建设也有着更高的要求，需要政府进行更广泛、更深入的改革和重构。因此，中国经济结构转型难度较大，需要在多个方面进行全面的改革和调整。

其二，中国经济面临债务风险，包括地方政府和企业债务问题，这可能会给整个经济系统带来风险。在地方政府债务方面，为了促进经济增长，过去几十年间各级政府向基础设施建设和公共服务等方面投入了大量资金，但是这些投资往往依赖于债务融资，导致地方政府的债务负担日益加重。在企业债务方面，近年来中国企业发债规模不断扩大，尤其是一些大型企业。但是由于当前经济形势具有不稳定性，企业债务负担可能会加重，出现违约和债务风险。

其三，中国经济发展面临着金融风险。中国金融市场相对于发达经济体而言发展历程较短，存在市场体系不够完善、制度安排不够合理、市场监管不充分以及经营风险控制不足等问题。正是由于中国金融市场发展的相对不完善，各类金融机构在借贷、投资和融资等业务中不可避免地存在信用违约风险，包括政府和企业。此外，随着中国外贸规模越来越大，企业对外汇的需求扩大会带来较高的外汇风险和人民币汇率风险，也会对进出口贸易、债务偿还和外汇储备等产生不利影响。

其四，中国经济发展面临着国际问题。国际贸易保护主义和单边主义的抬头给中国出口带来了一定程度的影响。比如，2018年美国政府宣布对中国进口的大量商品加征25%的关税，对中美贸易合作造成一定影响。2016年，英国以51.89%的选民支持率决定退出欧盟，导致英国和欧盟在贸易和关税等问题上产生分歧。这些贸易争端和保护主义给全球贸易带来了不稳定性，加剧了中国出口面临的压力。

其五，中国经济发展面临的环境问题主要包括污染治理和自然灾害等。在污染治理方面，空气污染和水污染是污染治理的首要任务。空气污染会对民众的身体健康和生产力造成极大损害，而水污染则会威胁到农业生产和饮用水安全。污染治理需要大量人力、物力和财力，给中国经济增长带来额外负担。在自然灾害方面，地震、洪水、干旱和台风等自然灾害会对农业、基础设施和能源供应等造成严重影响。而灾后重建也需要消耗大量的资源。

值得注意的是，新冠疫情的出现给中国经济发展造成了极大影响。我国采取了一系列措施来控制疫情并促进经济复苏，例如减税减费、推动基础设施建设和提供物质资源等。此外，自2021年以来，中国经济实现了稳定增长，各行业的生产和消费活动逐渐恢复正常，为经济复苏奠定了基础。

三、经济危机

(一) 概念及分类

经济危机主要出现在资本主义社会经济发展的过程中，同时会对其他国家的经济造成一定影响。从方法论的角度来看，经济危机主要体现为经济原有正常与平衡常态的打破，如曼德尔（1979）指出"经济危机就是正常的再生产过程中断"。从生产视角来看，经济危机主要表现为生产和消费比例的失衡，比如生产过剩的危机。从具体行业来看，经济危机主要表现为行业内的生产和消费比例失调或该行业占总经济比的失调，比如金融危机。总体来看，经济危机会对经济活动造成严重的干扰和破坏，导致就业率和生产力严重下降。

经济危机通常可以分成多种类型，包括金融危机、债务危机、货币危机、能源危机和产业危机等。其中，金融危机通常指由金融市场出现的系统性失灵而引发的经济危机，2008年的次贷危机就是一个典型的金融危机案例。债务危机指的是一个国家、地区、企业或个人的债务负担过重且难以偿还而引发的经济危机，比如2009年希腊的债务危机对欧洲国家乃至欧元区经济发展造成了直接影响。货币危机是由货币价值快速下降而引发的经济危机，比如1997年的亚洲金融危机。当时一些亚洲国家（如泰国、印度尼西亚、韩国等）的货币和股票市场出现大幅下跌，导致这些国家经济出现衰退，陷入经济危机。能源危机通常是由能源供应紧张或价格飙升而引发的经济危机，1973年的石油危机和2000年的电力危机都是历史上比较著名的能源危机案例。产业危机通常是由某个产业或几个产业出现的供过于求和产能过剩等问题而引发的经济危机，例如钢铁产业危机。在过去几十年里，钢铁产业逐渐面临生产过剩和市场饱和的问题，导致企业出现了营利困难和倒闭破产等现象。这些问题对钢铁产业以及相关的制造业、物流和贸易等领域都造成了很大的冲击。

（二）经济危机的影响

经济危机对社会的影响具有复杂性。从积极的角度来看，经济危机可以在一定程度上促进经济结构的调整和优化、促进科技创新和技术升级、推动政策的改革和创新、提高人们思想水平等。然而，需要指出的是，在经济危机发生的当下，它所带来的消极影响是巨大而普遍的，不仅体现在国家层面上，在个体层面上也十分明显。

在国家层面，经济危机带来的负面影响包括但不限于高失业率、经济萎缩和产业结构调整等。例如，1997年亚洲金融危机导致泰国、印度尼西亚、韩国等国的货币大幅贬值，东盟（东南亚国家联盟）国家的GDP平均下降了约7%。2001年阿根廷经济危机导致其失业率增长约7%，GDP下降4.4%，通货膨胀率达到40%，货币贬值达到了75%等。2008年次贷危机导致美国失业率高达10%，且在世界范围内造成了经济萎缩和产业结构调整。2014年俄罗斯遭受了油价下跌的冲击，主要出口商品价格大幅下降，卢布贬值近50%。同时，经济危机还可能导致社会不稳定和政治动荡。例如，2008年希腊债务危机导致大规模抗议示威和社会动荡，甚至引发了希腊与欧盟的政治危机。此外，随着经济全球化的快速发展，经济危机不仅会影响一个国家，还会影响全球经济金融体系的稳定。比如，2008年爆发的美国次贷危机进一步升级转化为全球性的经济危机，重创了全世界的金融体系和经济体系，各国的民生和社会运转都受到了严重影响。

在个体层面，经济危机会对人们的生活产生深刻的影响。其一，经济危机会导致失业率上升，对于个人而言，失去工作和收入的风险大大增高，影响个体收入和生活物质基础。其二，经济危机也可能导致个人的固定资产和股票等大幅贬值，这可能会给那些以股票和投资为主要收入来源的人带来极大的财务压力。其三，经济危机也可能导致物价上涨，增加人们的生活成本，进一步减少人们的可支配收入，这对于失业人员无疑是雪上加霜。其四，经济危机还可能导致社会矛盾加剧，治安环境恶化，给个人的生命安全带来威胁。在此过程中，个体的心理问题将会骤增。当个体面临失业、收入减少等困境时，其自我价值和社会认同感往往会遭受打击，容易产生负面情绪，如焦虑、抑郁、自闭等。另外，经济危机的不确定性也会给个体带来巨大的心理压力，可能使其失眠，影响其健康和生活质量。在一些极端情况下，经济危机还可能会导致个体情绪失控，采取过激行为，如自杀、暴力等，给社会和家庭带来不可挽回的伤害。

综上所述，经济危机的消极影响是当下立即显现的，包括失业、贫困、社会不平等、健康和社会福利下降以及心理压力和社会动荡事件的增加。尽管在后期可能产生积极影响，但在应对经济危机时，仍需要全面考虑其消极影响，并采取相应的措施来减少其负面影响，维护社会稳定和个体福祉。

第二节　经济安全的心理学意义

经济安全直接关乎个体的生存和发展，对个体的心理产生影响。比如，感受到经济安全的个体具有更高的自我认同，而经济不稳定的个体则更可能表现出焦虑、压力、抑郁等负面情绪，影响个体的健康和幸福感。同时，经济安全有助于提高社会整体的生活质量和福利水平，增加公民的安全感和认同感，增强群体的凝聚力和向心力，促进群体的发展和繁荣，从而保障社会和谐稳定地发展。因此，本节主要从个体层面和群体层面两部分详细阐述经济安全的心理学意义。

一、个体层面

（一）相关理论

马斯洛需要层次理论和资源动态模型可以很好地解释经济安全在个体层面上的心理学意义，说明经济安全对个体心理健康的重要性。

1. 马斯洛需要层次理论

如前文所述，马斯洛将人的需求分为五个层次，包括生存需求、安全需求、爱与归属需求、尊重需求和自我实现需求，这些需求形成了一个逐级满足的过程（Maslow，1987）。其中，生存需求指的是人类对食物、水、空气、性和休息的基本需求，它与经济基础密切相关。当个体经济不安全时，就可能无法满足最基本的生存需求。而只有在经济安全的情况下，个体才能长期满足基本需求，并进一步发展更高层次的需求。比如，当经济安全得到保障时，个体可以更加专注于自身的发展和成长，提高自己的技能和知识水平，增强自己在社会中的地位和影响力，为社会的发展做出更大的贡献，最终满足自我实现的需要。因此，经济安全是个体各层次需求得到的前提条件，它对于维护个体心理健康和幸福感至关重要。经济危机会导致个体面临基本需求得不到满足的困境，产生负面情绪，甚至可能引发心理健康问题。同时，缺乏经济安全感也会影响个体的幸福感和生活满意度，降低其生活的积极性和动力，影响其生活质量和自我实现能力。

2. 资源动态模型

资源动态模型指个体对资源的需求、获得和失去会对其心理和行为产生影响，并对生活和发展产生长期影响（Hobfoll，2001）。经济安全涉及资源问题以及个体获得和利用各种资源的能力，包括经济、社会、文化等方面。资源动态模型认为，经济安全不仅取决于个体当前所拥有的资源，还取决于获取和失去资源的动态过程。失业是一种资源失去，找到新工作是资源获取。失业对经济安全产生负面影响，可能引发焦虑、沮丧等负面情绪。重新找到工作恢复经济稳定可提升经济安全性，缓解负面情绪。资源动态模型强调经济安全是动态过程，资源获取和失去都会对心理和行为产生影响，需从动态角度看待经济安全的心理学意义。资源动态模型指导政府采取措施，如提供失业救济、职业培训等，缓解经济压力和负面情绪。对于处于动态经济安全风险中的个体，如失业者和贫困人群，各级组织和单位可以为这些人群提供心理咨询和支持，帮助其缓解压力并提高应对能力。

（二）心理特征

经济安全感是指个体对自身经济状况的主观感受和对未来经济发展的期望与信心。在经济安全得到保障的情况下，个体通常会产生较高的经济安全感，同时幸福感、自尊感和生活满意度等也将得到显著提高（Vohs，Mead，& Goode，2006）。这种心态有助于提升个体的积极性和创造力，推动经济的健康发展。相反，如果经济不安全，个体可能会出现恐慌和担忧的情绪，形成负面的心理状态（于慧慧，夏冰月，2016），导致个体的消费和投资行为发生变化，进而影响整个经济体系的运转。因此，维护和提高个体的经济安全感对于促进个体心理健康和社会经济发展都具有重要意义。具体来说，在经济安全的情况下个体通常表现出以下心理特征。首先，个体会感到生活在一个可预测和稳定的环境中，从而更加乐观和积极，减少了各种负面情绪的发生，如焦虑、抑郁等。其次，个体的自信心和积极性较高，更有动力和勇气去追求自己的目标和梦想。最后，经济安全还有助于提升个体的社交技能和归属感，使其更容易建立积极的社交关系，并发挥出自己的高效能力和创造力。然而，需要注意的是，虽然经济安全有助于个体表现出上述心理特征，但这并不是说经济安全是个体心理健康的唯一保证，因为个体的心理健康还受到许多其他因素的影响，如人际关系、工作环境、个人价值观等。总之，经济安全可以帮助个体形成一个积极、健康、成熟和满足的心态，对个体心理健康和整个社会的经济发展都具有积极影响。

二、群体层面

经济安全是社会稳定和谐的重要保障之一。因此，经济安全在群体层面上也有着重要的心理学意义，即经济发展的稳定与繁荣有助于提高社会整体的生活质量和福利水平，增强公民的安全感和认同感，增强群体的凝聚力和向心力，促进群体的发展和繁荣，从而保障社会和谐稳定地发展。下文主要从相关理论以及经济安全下的群体心理特征两方面介绍本部分内容。

（一）相关理论

1. 社会认同理论

社会认同理论可以用来解释经济安全在群体层面上的心理学意义。社会认同理论认为个体为了满足自我认同的需要，会把自己与某个或某些特定社会群体联系在一起，形成社会认同。换句话说，社会认同是人们对自己所属社会群体的一种情感和认知上的认同。显而易见，当群体经济安全得到满足时，群体成员会感到更加安全和稳定，就会对自己所属的群体产生更加积极的忠诚感、归属感和认同感。这种认同感可以面向国家、政府、企业以及团体等。这种认同感会提升群体成员之间的凝聚力和向心力，使得他们更有可能共同协作，形成一种有力的共同体，共同追求群体的利益和发展。同时，群体成员也会更加愿意为群体做出贡献，促进群体的繁荣和发展。因此，经济安全不仅可以提升个体的幸福感和满意度，也有助于群体的发展和繁荣。相反，经济不稳定、贫困和失业等问题则会导致群体心理上的焦虑和不安定，进而导致社会矛盾的加剧和不安定因素的增加。总之，经济安全在群体层面上同样具有重要的心理学意义。

2. 群体应激与适应理论

群体应激与适应理论是指对群体在面临各种压力和挑战时的应激反应和适应能力进行研究和分析的一种理论模型（Lazarus & Folkman，1984）。当群体面临经济安全问题时，群体成员可能会产生焦虑、紧张、恐惧和绝望等情绪，同时也会出现群体成员之间的紧张和冲突加剧，进而影响群体的凝聚力和稳定性。然而，群体可以通过适应和调整来应对上述情况。例如，在经济不稳定的情况下，群体可以采取一些措施来增强内部合作和协作，共同应对经济压力和挑战。群体还可以探索新的经济模式和机会，从而提高群体的竞争力和适应能力，进而推动群体的发展和繁荣。由于群体的心理状态和行为是相互影响的，群体中的积极心态和行为还可能会传递给每位成员，从而促进整个群体的发展和繁荣。因此，从群体应激与适应理论的角度来看，经济安全对于群体的心理健康和发展具有重要意义。也就是说，当面对经济挑战和风险时，群体可以通过适应和调整来改善现状并推动群体的发展和繁荣。

（二）心理特征

在经济安全的情况下，群体通常表现出以下心理特征。首先，他们更容易感到幸福和满意，因为他们的基本需求得到了满足，享受到了生活的稳定和安全。其次，经济安全的群体更容易建立信任关系，加强归属感和群体认同感。再次，经济安全的群体更有信心面对未来的挑战和困难，也更容易展现出创造力和创新意识，因为他们有足够的资源和稳定的生活环境支持他们解决新问题与尝试新方法。最后，经济安全的群体更容易关注社会问题并尝试解决它们，因为他们有更多的精力和资源来关注社会问题，并且能够承担更多的社会责任。综上所述，个体层面的经济安全对于个体的心理健康和社会生活具有重要意义，包括对自我认同、幸福感、安全感、自我实现能力等方面的影响。而群体层面的经济安全则可以带来群体的安全感和稳定感，增强群体的凝聚力和向心力，促进群体的发展和繁荣。

第三节　经济安全与应急管理心理学

面对经济危机，人们会遭受许多社会和心理问题，这些负面影响突如其来，具有应激性质。人们不得不适应生活方式的剧变和社交活动的限制，这可能使人们感到孤立和焦虑。同时，失去工作机会会给个体带来巨大的工作压力和不确定性。此外，医护人员和病患者家属会面临更加剧烈的情绪波动和心理困扰。在这种情况下，政府不仅需要采取应急措施来稳定经济、保护就业、维护金融稳定，还应该注意采取应急心理管理措施来维护国民的心理健康，比如开展心理健康宣传教育活动以及构建心理服务体系等，为个体提供心理服务和援助。本节将从经济危机下的心理问题、经济安全与应急管理以及经济危机下的应急心理管理措施三个方面，帮助个体进行情绪调节，培养应对压力的技巧和策略。同时，这些措施也有助于降低经济危机对社会运转的负面影响，并为应对未来经济危机提供有益的参考。

一、经济危机下的心理问题

（一）经济危机下的情绪问题

研究指出在经济危机下个体很可能出现明显的负面情绪。比如，孙越异和徐光兴（2013）采用症状自评量表（The Symptom Checklist-90，SCL-90）对经济危机后三年的个体心理健康情况进行调查，结果发现民众心理健康水平显著低于全国常模，包括人际敏感、抑郁、焦虑、敌对和偏执等症状。贺江红和吴尚忠（2011）

在金融危机的背景下对200名企业员工的心理健康状况进行考察，结果发现他们的人际因子、抑郁因子和偏执因子均显著提高。从上述研究可知，经济危机带给个体的情绪问题是全方位的，包括对未来生计的焦虑和担忧，财产受损或失业导致的抑郁和失落，以及当感到自己的利益受到损失或不公平待遇时，个体可能会表现出愤怒和愤慨，甚至产生一些激进的想法和行为。同时，经济危机对从事不同职业的个体可能会带来不同的情绪问题。不同职业的工作内容、工作环境、收入待遇等因素都会影响个体对于经济危机的适应能力和产生的情绪问题。比如，李尚兰（2009）采用SCL-90量表探讨经济危机对毕业生心理健康状况的影响，结果发现毕业生在焦虑、抑郁、敌意、恐怖、精神病性、偏执、人际敏感、强迫和躯体化各因子上的得分显著高于一般人群。卡洛格罗普卢等人（Kaloge-ropoulou et al.，2013）采用总体健康问卷-28（General Health Ques-tionnaire-28，GHQ-28）及马斯拉克职业倦怠问卷（Maslach Burnout Inventory，MBI）发现，护士群体在经济危机期间呈现出更多的心理健康问题和更高的职业倦怠程度，尤其是情感耗竭。吴梅生和黄爱玲（2012）采用SCL-90量表发现经济危机背景下的企业家自信心与常模无显著差异。此外，经济危机对个体情绪的影响还可能存在性别、年龄和收入等方面的差异。比如，吴梅生和黄爱玲（2012）发现在经济危机的背景下年轻人和女性企业家的抑郁得分显著高于年长者和男性企业家。综上所述，经济危机对个体心理健康会造成普遍、长期和负面的影响。个体在经济危机中可能出现信心下降、焦虑、不安、抑郁甚至产生自杀意图等心理问题。同时，经济危机对个体的影响还与职业、性别、年龄、受教育程度、收入和家庭情况等因素有关。

（二）工作压力与身心健康

经济危机会对社会造成多方面的负面影响，其中最主要的问题就是失业。对个体而言，失业可能会导致个人与家庭失去生活的主要经济来源，生存需要无法得到满足，甚至被社会排斥。长期处于失业状态下，不仅对我国人力资源造成浪费，还对个体的人格、身心健康、家庭和谐产生威胁和挑战。首先，研究表明失业会导致个体自尊心和自信心的丧失，感觉自己无用和无能，心理健康水平逐渐下降（Latack & Prussia，1995），越悲观的个体越容易体验到悲观情绪和较低的生活满意度（张淑华，陈仪梅，2009）。同时，在经济困难时，这种负面影响会更加凸显（谢义忠 等，2007）。其次，失业不仅会使个体产生焦虑、抑郁等心理问题，同时也会对个体的身体健康产生负面影响，比如引发肥胖、高血压、糖尿病甚至自杀企图（Roelfs et al.，2011；徐慧兰 等，2002）。再次，个体长期失业可能会对家庭和谐产生负面影响，包括夫妻争吵、情感疏离和家庭暴力等问题。最后，失业带来的心理和生活上的变化还有可能演变为更加恶劣的事件，比如报复社会等，严重影响社会的和谐稳定（Tarling，1982）。

再就业是失业人群必须解决的生存问题。然而，在经济危机下，就业市场的竞争日益激烈，失业人员面临的困难也越来越大，包括就业机会相对减少、求职周期延长、薪酬水平下降、职业歧视和不公平待遇等挑战。因此，那些能力不足、心理素质较差和风险承受能力弱的个体，面对这样的情况往往会表现出难以适应的状况和情绪问题，导致心理健康问题和社交适应问题加重，还可能进一步影响其寻找工作。因此，需要给失业人员提供相应的帮助和支持，包括职业培训和心理健康辅导等，以提高其再就业的能力和竞争力。同时，政府也需要加大对就业市场的投入，通过扩大就业机会和提高就业质量，缓解失业问题带来的社会压力和不良影响。

除了失业人群，还有两类群体也不容忽视。其一是尚未参加工作的个体，比如大学生。几乎所有大学生都面临着不同强度的就业压力，而社会环境则是大学生就业压力的主要来源之一。社会经济的不安全和不稳定会使本来就竞争激烈的就业形势更加严峻，主要体现在社会就业岗位缩减和待就业人数持续上升方面，进而导致大学生面临更大的心理压力和冲突。对于那些风险承受能力差的大学生来说，择业过程一旦遇到挫折就很容易产生自卑情绪、感到迷茫和困惑，形成心理矛盾甚至产生就业焦虑（高晓倩 等，2020）。过度的焦虑会使毕业生更容易产生就业认知偏差，加重精神负担，不利于就业活动的进行，还会降低就业效率，甚至影响其正常的学习和生活。其二是没有失业的个体，即仍然奋斗在岗位上的员工。对于这些员工来说，经济危机无疑是一种工作压力源。经济危机带来的工作负荷和工作收入不平衡、工作内容增多或者工作性质改变等，都会增加员工的工作压力。比如，经济危机带来的就业不稳定和工作不安全感会对员工的健康和幸福感产生负面影响，增加员工的工作压力和焦虑感，从而影响他们的健康和工作表现（Sinclair et al.，2010；孙旭 等，2014）。因此，我们需要关注和支持这些个体，提供必要的帮助和支持，以缓解他们的压力和困难。

（三）经济危机与不良行为

经济危机会影响人们的情绪和心理状态，从而引发不良行为，如过度消费、赌博和酗酒等。研究指出不良的社会环境会导致个体产生不良的消费习惯（Jianhua et al.，2018）。经济危机带来的全国甚至全球性经济衰退环境，会对消费者的信心和信任产生负面影响，进一步导致非理性消费行为的出现。同时，也有人（Hing et al.，2016）指出经济困境可能导致人们将赌博作为一种缓解压力和解决财务问题的方式。卡丽娜等人（Karina et al.，2017）研究指出经济压力可能导致人们饮酒量增加，从而增加酗酒的风险。这些不良行为会进一步加剧经济压力，影响个人财务状况、身体健康和家庭幸福。比如，过度消费会导致个人财务状况恶化，长期酗酒可能引发健康问题，同时也会使得家庭气氛紧张和不安。而赌博不仅会损害财务状况，还会引发家庭冲突和破裂。值得注意的是，在经济危机的情况下，由于失业率和经济困境的加剧，少数个体可能会感到绝望和无助，产生严重的焦虑和抑郁情绪，从而导致自杀的发生

（Gunnell & Chang，2016）。比如，2008 年全球金融危机期间，希腊的经济遭受了重创，失业率大幅上升，很多人失去了工作和收入来源。根据希腊统计局的数据，2008 年希腊的失业率为 7.7%，而在 2013 年达到了 27.9%。

二、经济安全与应急管理

应急管理是国家政府在面对突发重大公共事件时的一种组织和管理方式，旨在迅速、有效地应对和处置这些事件，减少其对人民生命财产和社会秩序的危害。以此类推，经济安全的应急管理则指的是国家政府在经济危机或紧急情况下采取的措施和策略，旨在稳定经济、保护就业和维护金融稳定，具有重要的战略意义和现实意义。下文主要从常见的应急经济管理措施和应急心理管理在经济危机中的重要性两方面来阐释经济安全与应急管理的关系。

（一）常见的应急经济管理措施

经济安全的应急管理是一种综合性的管理方法，包括政府的政策调控、经济援助、社会保障、金融市场监管和应急预案实施等措施。具体来说，在政府政策调控方面，政府可以采取财政刺激措施，增加支出和减少税收，以促进经济增长和刺激就业，比如，增加公共支出、减少税收负担、提供财政支持和补贴、加大创新和科研投资以及加强就业培训和教育支持等。在金融市场监管方面，政府可以加强对金融市场的监管，防范金融风险和系统性风险的发生。这包括监督和调整金融机构的运作，加强风险管理和监测，确保金融市场的稳定和正常运行。在经济援助方面，政府可以提供包括贷款和补助等形式在内的资金支持，以帮助受影响的企业和个人渡过困难时期。这有助于稳岗位保就业，维护企业的运营和生存能力。在社会保障和福利方面，政府可以完善社会保障体系，确保人民基本生活需要得到满足。这可能包括提供失业保险、医疗保障和社会救助等福利措施，帮助那些受到经济危机影响的人们渡过困难时期。在应急预案和危机管理方面，政府需要制定和实施应急预案，以应对突发事件和危机情况。这包括建立紧急响应机制、提供紧急救援和灾害管理等措施，以便及时、有效地处理和管理紧急情况。这些应急管理措施能够帮助政府应对紧急情况，尽可能地保障社会运转和人民生活正常进行。

（二）应急心理管理在经济危机中的重要性

值得注意的是，从心理角度上看经济安全应急管理也是一个需要关注的重要领域。正如之前所举的新冠疫情的例子里所说的那样，在经济危机爆发的当下，维护国民的心理健康和维护金融稳定同样重要，甚至可以说维护心理健康的重要性更加突出。这是因为如果人们的心态低落、缺乏信心和动力，可能会对社会稳定造成更大的威胁，导致经济活动的停滞和消费的减少，进而阻碍经济的复苏。因此，维护国民的心理健康有助于提振信心、促进积极的消费行为和经济复苏。经济安全的应急心理管理意味着在应对经济危机时，政府和相关机构需要考虑个体的心理需求、情绪困扰和心理应激问题等。这种应急心理管理首先应当关注的是如何帮助个体应对经济危机带来的应激性情绪，减轻他们的心理压力和负担，提升他们的心理健康水平和适应能力。与此同时，经济危机的应急心理管理还应该强调预防措施的重要性，通过提供心理教育和心理健康促进活动，个体可以在经济危机发生之前就增强心理韧性和应对能力，提前做好面对经济危机的准备。这种预防措施可以帮助个体更好地应对潜在的心理压力和困境，减少其心理健康问题的发生。总而言之，在经济安全的应急管理中，仅仅关注金融环境的稳定和经济的恢复是不够的，政府还要注重维护国民的心理健康，包括提供应对措施以及强调预防措施的重要性等，多角度多措施帮助个体快速从经济危机中恢复。

三、经济危机下的应急心理管理措施

经济危机带来的心理问题无疑是多方面，同时是具有连锁性的。如果不及时处理和干预，将会引起不良行为，对个人、家庭和社会产生严重影响。因此，需要针对不同的情况采取相应的心理健康干预和支持措施，缓解经济危机带来的负面影响。下文将从自我调节、心理帮助和社会支持三个角度介绍经济危机下可以采取的应对措施。

（一）自我调节

从自我调节的角度出发，个体应该积极调整自己的心态，提高自身的心理韧性和适应性。首先，个体可以采取一些积极的情绪调节策略帮助自己维持良好的心情，比如运动、音乐、健身和社交活动等。同时，还要学会避免采取消极的情绪调节策略，比如滥用药物和酗酒等。其次，经济危机也给个体提供了自我成长和学习的机会。个体可以将注意力转移到自我学习上，利用空闲时间提高自身技能和知识水平，为未来做好准备。再次，面对问题时学会制定切实可行的计划和目标来解决问题，从而减少焦虑和抑郁等负面情绪。此外，可以寻求家人、同事和朋友的支持和帮助，分享自己的困扰和担忧，寻求情感支持和建议。最后，如果个体的情绪问题较为严重，影响到了正常的生活和工作，建议积极寻求心理咨询师或医生的帮助和治疗。总之，通过自我调节，个体可以更好地适应经济危机带来的挑战，提高自身的心理素质和抗压能力，从而更好地应对未来的挑战。

（二）心理帮助

从心理帮助的角度出发，专业人士可以为个体提供一系列的心理干预和支持措施。在心理治疗方面，认知行为疗法是一种被广泛采用的心理治疗方法，旨在帮助个体识别和更正不健康的思维模式

和行为模式。治疗师通过和个体交流、对相关理念加以解释和指导个体练习，帮助个体建立新的、更积极和更健康的思考方式和行为习惯，以改善他们的心理状况和行为问题。解决问题疗法和心理动力疗法也是常用的心理治疗方法。前者强调通过探究和解决个体生活中的具体问题，来帮助个体解决负面情绪和行为问题；后者则是一种深度心理治疗方法，通过探索个体潜意识中的冲突和阻力，帮助个体认识和解决内心深处的问题。心理治疗师可以通过这些方法帮助个体解决负面情绪和行为问题。在心理咨询方面，心理咨询师可以为来访者提供情感支持，让个体感受到他人的关心和支持，缓解他们的焦虑和抑郁情绪，引导个体寻求解决问题的方法。此外，心理咨询师还可以通过探究个体的内心世界，帮助个体识别和掌握自己的情感、需要和动机。通过引导个体了解自己的情感和需求，咨询师可以帮助个体更好地理解自己和他人的行为，提高自我认识和理解能力，从而更好地解决自己的问题。

（三）社会支持

从社会支持的角度出发，各级政府和组织应该采取有效的措施缓解经济危机对个体心理健康的影响。首先，政策调控是解决经济危机带来的心理问题的重要手段。政府可以通过制定合理的经济政策和社会保障政策，提高就业率、减轻财务压力和增加社会福利，以缓解个体的经济困境和心理压力。例如，提供充足的社会保障和补助，为失业者和低收入者提供经济支持，减轻他们的经济压力，降低焦虑和抑郁的发生率。其次，建立心理咨询和治疗机构，提供专业的心理服务和支持也是重要的措施。政府可以投资建立公共的心理咨询和治疗机构，提供低价或免费的服务，让更多的人获得专业的心理支持和治疗。这些机构可以提供心理咨询、心理治疗和心理教育等服务，帮助个体处理心理困境，缓解焦虑和抑郁等负面情绪，增强心理韧性和应对能力。最后，加强心理健康知识的宣传和教育也是缓解经济危机对个体心理健康影响的重要举措。政府可以通过各种渠道加强心理健康知识的宣传和教育，提高公众对心理健康的认识和理解，让人们掌握基本的心理调节技巧和应对策略，增强应对经济危机的能力。此外，也可以在学校和企业等场合开展心理健康教育和培训，让更多的人掌握心理健康知识和技能，从而减少不必要的心理问题。

参考文献

高晓倩，钟旻瑛，高歌．（2020）．大学生社会支持与就业焦虑的关系：自我效能感的中介作用．中国健康心理学杂志，28（11）：84-84.

高志刚．（2016）．中国与西北周边主要国家经济安全评价研究．甘肃社会科学（5）：201-207.

顾海兵，沈继楼，周智高等．（2007）．中国经济安全分析：内涵与特征．中国人民大学学报，21（2）：79-85.

贺江红，吴尚忠．（2011）．金融危机背景下企业员工心理健康状况调查分析．长沙铁道学院学报（社会科学版）（1）：63-64.

雷家骕．（2000）．国家经济安全导论．西安：陕西人民出版社.

李尚兰．（2009）．经济危机对毕业班大学生心理健康状况影响调查分析．社区医学杂志，7（15）：22-23.

路志凌．（2001）．国家经济安全与流通．北京：中国审计出版社.

曼德尔．（1979）．论马克思主义经济学．北京：商务印书馆.

牛军．（1998）．论克林顿政府第一任期对华政策的演变及其特点．美国研究（1）：7-28.

孙旭，严鸣，储小平．（2014）．坏心情与工作行为：中庸思维跨层次的调节作用．心理学报，46（11）：1704-1718.

孙越异，徐光兴．（2013）．金融危机后3年内民众心理健康变化情况调查. 中国健康心理学杂志，21（10）：1540-1542.

王逸舟.（1999）. 全球化时代的国际安全. 上海：上海人民出版社.

吴梅生，黄爱玲.（2012）. 金融危机下中小民营企业家信心、焦虑及抑郁状况的调查. 中国健康心理学杂志，20（1）：39-41.

谢义忠，时勘，宋照礼等.（2007）. 就业动机因素与核心自我评价对失业人员心理健康的影响. 中国临床心理学杂志，15（5）：504-507.

徐慧兰，肖水源，陈继萍.（2002）. 下岗工人自杀意念及其危险因素研究. 中国心理卫生杂志，16（2）：96-99.

叶卫平.（2010）. 国家经济安全定义与评价指标体系再研究. 中国人民大学学报（4）：93-98.

于慧慧，夏冰月.（2016）. 西部贫困地区农村留守儿童心理健康现状. 中国健康心理学杂志（4）：610-613.

张淑华，陈仪梅.（2009）. 失业压力下个体的应对策略在其乐观—悲观倾向与心理健康间的中介效应检验. 心理研究，2（6）：52-57.

赵英，胥和平.（1994）. 中国经济面临的危险：国家经济安全论. 昆明：云南人民出版社.

Buzan, B. (1991). People, States, and Fear. New York: Harvester Wheatsheaf.

Conde, K., & Cremonte, M. (2017). Environmental stressors, socioeconomic factors, and alcohol-related problems among Argentinian college students. Salud Mental, 40(4): 157-164.

Gunnell, D., & Chang, S. (2016). Economic recession, vnemployment, and suicide. The International Handbook of Suicide Prevention.

Hing, N., Russell, A., Tolchard, B., & Nower, L. (2016). Risk Factors for Gambling Problems: An Analysis by Gender. Journal of Gambling Studies, 32(2): 511-534.

Hobfoll, S. E. (2001). The influence of culture, community, and the nested-self in the stress process: Advancing conservation of resources theory. Applied Psychology, 50(3).

Kalogeropoulou, M., & Papathanasopoulou, E. (2013). Mental health of nurses in a period of economic crisis. Psychiatriki, 24(2): 129-137.

Latack, J. C., Kinicki, A. J., & Prussia, K. G. E. (1995). An Integrative Process Model of Coping with Job Loss. Academy of Management Review, 20(2): 311-342.

Lazarus, R. S., & Folkman, S. (1984). Stress, appraisal, and coping. New York: Springer publishing company.

Maslow, A. H. (1987). Motivation and personality (3rd ed.). New York: Harper & Row.

Roelfs, D. J., Shor, E., Davidson, K. W., & Schwartz, J. E. (2011). Losing life and livelihood: A systematic review and meta-analysis of unemployment and all-cause mortality. Social Science & Medicine, 72(6): 840-854.

Sinclair, R. R., Sears, L. E., Zajack, M., & Probst, T. (2010). A multilevel model of economic stress and employee well-being. In J. Houdmont & S. Leka Eds., Contemporary Occupational Health Psychology: Global Perspectives on Research and Practive, Vol. 1: 1-20. Wiley Blackwell.

Tarling, R. (1982). Unemployment and crime. Research bulletin, 14: 28-33.

Vohs, K., Mead, N., & Goode, M. (2006). The Psychological Consequences of Money. Science, 314, 1154-1156.

Wang, J., Shen, M., & Gao, Z. (2018). Research on the Irrational Behavior of Consumers' Safe Consumption and Its Influencing Factors. International Journal of Environmental Research & Public Health, 15(2).

第六章
文化安全应急管理心理学

第一节　文化安全的基本概念

随着世界政治、经济全球化进程的不断加深，国际社会的信息和文化交流日益频繁，加之我国改革开放事业的不断深化和扩大，各方面对外合作水平与程度不断提升，文化安全问题愈发凸显，已经成了我们无法回避的一个重要安全问题。那么，什么是文化安全？文化安全具体包含哪些内容？以及维护文化安全的作用和意义何在？这些都是我们需要阐明的问题。

一、文化安全的内涵

"文化安全"是由"文化"和"安全"这两个不同领域的语言符号组合而成的一个专有特殊概念。要想确切地理解"文化安全"，就要先明晰这一概念中"文化"与"安全"的含义。

文化是一个国家的灵魂，是一个民族的血脉，是人民的精神家园，也是政党的精神旗帜。文化是一个极其复杂的概念。迄今为止，学者们给文化下的定义有几百种，似乎无法得到一个统一的概念。但是，大多数研究者还是习惯于将文化分为广义的和狭义的文化。广义的文化是指人类在社会历史实践过程中所创造的一切物质财富和精神财富的总和，包括物质文化、制度文化和心理文化三个方面。狭义的文化就是在一定的物质生产方式的基础上发生和发展的社会精神生活形式的总和，具体指社会的意识形态以及与之相适应的制度和组织机构。1871年，英国文化学家泰勒在《原始文化》一书中提出了狭义文化的早期经典学说，即文化是人们作为社会成员习得的复杂整体，包括知识、信仰、艺术、道德、法律、习俗和其他能力与习惯。无论是广义的还是狭义的文化都会对人类社会的发展产生深远和持久的影响，对于一个民族、一个国家的兴衰与进步也具有重大意义。

安全是指人没有受到威胁、危害、损失。安全是一种需要，马斯洛需要层次理论指出，安全需要是个体的一种基本需要，只有在安全需要得到满足之后，人们才会追求更高层次的需要，例如情感和归属的需要、尊重的需要和自我实现的需要。安全还是一种状态，既包括自我感知到的主观心态，也包括外部环境的客观状态。不同的群体、社会和国家对于安全的诉求和安全价值观可能并不一致，但基本的民主、自由、尊严、平等却是人类社会共同的价值观，只是在不同的历史条件和文化传统下人们对安全的理解、认知以及相应的行为方式等有所差异。对于一个国家和民族而言，不仅要保证主权和领土的完整，保持政治的独立，实现外部环境的客观安全，还要营造和谐、亲密、公平、公正的社会氛围，造就公民的安全心态。

基于以上分析，我们认为文化安全是指一个主权国家的主流文化价值体系以及建立于其上的语言文字系统、社会生活方式、意识形态、价值观念、知识传统等文化要素免于内部或外部文化因素的侵蚀、破坏和颠覆，从而保持自身文化价值传统的独立性，在人民群众中保持高度的民族文化认同，并且自愿吸收和借鉴其他有益于人类发展的优秀文化，在独立中创新、融合发展。

二、文化安全的内容

从国家安全的视角来看，文化安全包括了多方面的内容，其中主要有语言文字安全、风俗习惯安全、价值观念安全和生活方式安全等。

（一）语言文字安全

语言文字是一个民族、一个国家在历史发展过程中逐渐形成的符号系统，它是特定文化和文明中最基本、最稳定、最持久的组成部分，是特定文化和文明的载体，同时也是文化和思想交流的重要工具。语言文字的安全是国家文化安全中最基本的内容。语言文字的中断和消亡是一个国家彻底毁灭的重要原因和主要标志，例如现代埃及的语言文字与古埃及是完全不同的，虽然埃及还是使用着"埃及"这个名称，但事实上古埃及已经消亡了。相反，汉语言文字历经五千年不断演变，却从未中断和消亡，保证了中华文明的不断延续和发展，对现代中国的进步发展依然发挥着巨大的影响。在当今全球化的历史进程中，许多发展中国家都面临着"文化霸权主义"和"文化帝国主义"的威胁，可能会危害到我国的语言文字安全。因此，我们要高度重视语言文字安全。

（二）风俗习惯安全

风俗习惯是指一个民族、一个国家在长期的社会历史发展中形成的传统风尚、礼节、习性等，是特定文化区域内历代人们共同遵守的行为模式或规范，包括民族风俗、节日习俗、传统礼仪等。风俗具有多样性，人们习惯上将由自然条件的不同而造成的行为模式的差异称为"风"；而将由社会文化的差异所造成的行为规范的不同称为"俗"。所谓"百里不同风，千里不同俗"表示的即这种多样性特点。风俗具有独特性，是一个国家或民族区别于其他国家或民族的重要特征，为本国本民族人民的生产生活提供了物质和精神寄托，对于增强民族凝聚力和向心力，维系国家和社会的稳定、提升团结程度和发展速度都发挥了不可替代的积极作用。风俗具有可变性，历史形成的所有风俗习惯并不一定都是优秀的，可能并不适合当下的社会发展状况和进步节奏。所谓"移风易俗"便是根据历史条件改变原有风俗中不适宜的部分。因此，风俗习惯安全便是保护其多样性和独特性不被威胁和破坏，但同时也要注意进行符合时代要求的、自主自觉的变革。

（三）价值观念安全

价值观念是人们基于其思维感官进行的认知、理解、辨别和决策等，是人们进行价值判断和选择、确立价值取向的一种思维或定式。心理学认为，价值观包括"态度"和"行为"两大方面。对个体而言，价值观指的就是"不容易动摇的支配生活的重要原则或目标"。也就是说，无论处于何种境遇，价值观都是能让自己活得最像自己的生活原则。从琐碎的具体行动到重要的抉择，价值观都发挥着广泛的主导作用，扮演着调整我们生活方向的角色。对于国家而言，价值观念就是广大国民对各种社会现象甚至自然现象的是非判断和认知态度，以及他们对自己将欲采取的行为目标、方式、手段等方面该与不该的价值取向（刘跃进，2004）。任何一个国家和社会都存在一种占统治地位的主流价值观念体系，正是这种体系决定了社会运作的内容和方式，形成了整个社会的面貌。因此，价值观念的安全问题便是对国家现行价值观念体系的保持和延续，防止其被其他文化影响、渗透和改变。当然，需要注意的是，这种保持和延续并不是保持传统价值观念永远不变，而是注重国家基本价值观念的连续性和与时俱进的变化性。

（四）生活方式安全

生活方式是指不同的个人、群体或全体社会成员在一定的社会条件制约和价值观念指导下所形成的满足自身生活需要的全部活动形式与行为特征的体系。狭义的生活方式单纯指个人及其家庭日常生活的活动方式，包括衣、食、住、行以及休闲方式等。而与国家安全相联系的生活方式，则指的是在一定社会环境条件下形成的包括物质和精神、经济与政治、个人与社会等领域的言行模式。生活方式是文化最集中的体现，既是个体内在价值观念的社会性外化，也是社会外在风俗习惯的个性化内化。一个国家与另一个国家在文化上的差异也会通过生活方式的差异集中体现出来，不同国家的文化冲突也会在生活方式的冲突上有所体现。虽然同一个国家内部的不同个体、不同群体、不同社会集团由于所处的地理位置、自然条件等不同而具有千差万别的生活方式，但在与他国比较时，又必然存在共同区别于他国的特征。所以，生活方式在为国民提供稳定和便利的生活条件的同时，也承担了在世界范围内保持本国文化特质和民族特质的重要角色。因此，生活方式安全也是文化安全的一项重要内容。

三、文化安全的作用

文化安全是国家安全中重要而特殊的组成部分，与政治安全、军事安全、经济安全、科技安全等一样，对于国家和社会的发展具有巨大的影响作用。

首先，文化安全是增强民族凝聚力和文化认同感的重要基础条件。具有高度民族凝聚力的国家即使在面对力量悬殊的敌人时，也会奋起抗争，从而战胜对方；而各方面都比较发达，但是缺乏民族凝聚力的国家在面临危险时，也可能是不堪一击的。文化作为一种重要的精神纽带，可以凝聚起全体社会成员的力量，使其在安全意识、目标、行为方式上都保持高度的一致性。只要社会成员产生强大的心理认同感，愿意为国家和民族的利益自发地聚集起来，便会形成坚不可摧的向心力和团结力。中华民族一直以来都是具有高度民族凝聚力的民族，从艰苦卓绝的抗日战争，到无数爱国人士致身于中华人民共和国的建设，再到1998年的特大洪水、2003年的

"非典"，还有新型冠状病毒（COVID-19）阻击战，都充分体现了中华民族万众一心、众志成城的巨大民族凝聚力。因此，维护文化安全有助于进一步促进全民族的文化认同感，增强民族凝聚力，提高中华民族战胜一切困难的勇气和信心。

其次，文化安全是形成社会秩序并保证其正常运转的重要条件保障。文化对人产生作用的方式是潜移默化、润物无声的，它不仅会改变人们的思想和行动，而且还可以通过其渗透作用使全体社会成员形成安全价值共识和安全目标认同，并能实现自我控制，形成有形、无形、强制、非强制的规范作用（严兴文，2007）。例如，风俗习惯、伦理道德等文化表现形式一旦形成并为社会成员认可和接受，便具有了一定的约束力。在这种约束力的前提下，人们对"什么是对、什么是错"和"能做什么，不能做什么"等问题会有更加清晰的认识，这样就形成了一定的社会秩序。并且，这种约束力实质上是一种软约束，它是通过提高人们的内在素养而保证社会正常运转的。除非强大的内外因素冲击，否则它将持续地、和风细雨般地发挥作用，有利于促进社会和谐、提升整个社会的文明程度，进而确保社会秩序的有效运转。

此外，文化安全是保障先进文化繁荣发展的重要条件。文化安全与文化的繁荣发展互为依托、互相促进。文化的安全能够为文化的发展繁荣提供良好的条件，而文化的繁荣发展又能够为文化的安全提供抵御风险的内在基础和战胜威胁的强大力量。鉴于文化本身是一个极为复杂的系统，包括语言文字安全、风俗习惯安全、价值观念安全和生活方式安全等各个方面。所以，文化安全对文化发展繁荣的保障作用也体现在诸多方面，包括维护本国文化主权、弘扬先进文化主旋律、巩固主流文化阵地、开辟占领文化市场、拓宽文化发展领域、营造文化产业发展环境、清理社会文化垃圾、抵制外来腐朽没落文化侵蚀、创新发展适应时代的新文化等。所以，只有在文化安全的前提下，文化的创造力、先进性和繁荣发展才能真正得到保障。

再者，文化安全有助于经济、文化和科学技术的进步与发展。文化本身是一个十分复杂的系统，只有在文化安全得到保证的前提下，才能够增强中华民族多元一体的自我认同意识，发扬中华民族优秀的传统文化，完善社会主流文化和价值观念体系，为经济、文化和科学技术的发展创造良好的环境。反过来，经济实力的提升、文化产业的繁荣发展和科学技术的进步又会提高国家的综合实力，进一步加强文化安全。"科学技术是第一生产力"主张的提出，尊重知识和人才、大力发展教育、深化经济改革、开辟文化市场、拓宽加深文化产业发展等举措的落地都进一步提升了文化安全的程度。所以，文化安全作为经济、文化和科学技术进步与发展的前提条件，必须引起我们的高度重视。维护和加强文化安全，对于进一步发展经济、文化和科学技术具有重大的战略意义。

最后，文化安全有利于保护国家文化主权的完整性，保护国家在世界环境中的文化话语权。一方面，随着全球化和信息化浪潮的席卷，文化在世界各国政治经济的博弈中发挥着越来越大的作用。在冷战时期成型的"文化帝国主义"便是文化作为国际斗争中重要武器的一种体现。20世纪80年代末期苏东事件的爆发在很大程度上被认为是以美国为首的西方国家从文化上长期对苏联及东欧共产主义国家实行渗透、宣传和颠覆的"硕果"（石英中，2004）。所以，警惕文化帝国主义的危害，对于国家的文化安全和国家的整体安全都至关重要。另一方面，文化也能为国家在正常的国际交流中争取更好的国际环境。虽然世界各国存在着多姿多彩、各具特色的文化形态，但不能排除有一些国家和民族具有某种同源文化。例如，东亚和东南亚地区普遍受到了"儒家"文化的深刻影响，其中存在共同文化特质的历史认同和血缘亲和力都能起到加强国际合作的纽带作用，这便为我们争取良好的周边环境提供了极大的便利。因此，在面临以美国为首的西方国家的文化渗透和扩张时，开展积极的国际文化交流，塑造良好的国际文化形象，也是增强文化安全的重要举措。

第二节　应急管理中的文化安全问题

应急管理是为了应对特重大事故或灾害等危险问题而提出的管理流程，具体是指政府及其他公共机构在突发事件的事前预防、事发应对、事中处置和善后恢复过程中，通过建立必要的应对机制，采取一系列必要措施，应用科学、技术、规划与管理等手段，保障公众生命、健康和财产安全，促进社会和谐健康发展的相关活动。事故应急管理的流程包括预防、准备、响应和恢复四个阶段。在应急管理的任何一个阶段都离不开人，应急管理实质上就是人进行的一系列活动。因此，关注人在应急管理中的行为规律及其潜在的心理机制，并用科学的方法改进管理工作，提高工作绩效和管理效能，对于一切应急管理活动的成功实施都是至关重要的。

个体总是会在经过对事物的一系列认知过程后，在情感价值的引领下，凭借意志采取行动，达成任务目标。此外，人的活动总是发生在一定的情境中，并且会受到诸多外界因素的影响。文化作为一种重要的外部影响因素对人的影响是极其深刻的，每个人的行为都被打上了其所经历的文化的深深"烙印"，带有明显的文化特色。文化对人的影响是方方面面的，包括人格养成、生活习惯、价值观念、行为模式等。同样地，在应急管理过程中，不同文化背景下人们的安全意识会不同，安全价值观也有所差别，进而在行为表现方面也会不同。每个国家和民族的文化都是在成百上千年的历史发展中积淀形成的，文化对人的影响也是长期的，维护文化对人的影响的稳定性和延续性对于人们的认知、情感、意志和行为都是至关重要的，一旦这种根深蒂固的文化影响被打破，人们很可能就会"迷失自我"，对个体、社会和国家都会产生极大的危害。所以，关注应急管理中的文化安全对于探索重大公共事件发生情境下人的行为规律、揭示这些行为背后潜在的心理机制，并在此基础上，运用科学的方法改进管理，充分调动人的积极主动性，提升应急管理的效能，最终成功地应对特重大事故或灾害等危险问题都具有重大意义。

一、社交媒体领域的应急管理文化安全问题

随着网络科技的高速发展和信息全球化的不断扩展，人们与社交媒体的联系比以往任何时候都更紧密。当今社会，社交媒体在我们的生活中扮演着十分重要的角色。诸如国内的微信、微博，国外的脸谱网（Facebook）、推特网（Twitter）等社交软件为大众提供了在线信息交流、分享和沟通的平台，任何人都可以借助这种平台共享信息并就影响他们生活的所有话题发表意见。智能电子设备使用量的大幅增加是人们能够访问各种社交媒体的重要因素，人们可以使用手机、平板电脑等通信工具实现信息的实时交换，人们可以与亲人、好友甚至陌生网络用户分享情感、生活、图像、音频和视频信息。

当重大公共事件发生时，社交媒体的使用量会急剧增加。国外有研究指出，推特网已被用于传播灾害期间的人员伤亡、社会破坏、捐赠工作、警报数量等情况，具体传播形式包括视频和照片之类的多媒体信息（Balana，2012）。社交媒体作为一种新兴且迅猛发展的通信技术，以其大容量、依赖性和交互性的特点为更好地传播紧急通信提供了可能性（Jaeger et al.，2007）。一方面，国家政府或相关应急管理部门会通过各种媒体发布灾害相关信息，报道最新进展，并且发布警报、宣传各种防护措施等。另一方面，处在灾害地区的人们会借助各种媒介方式与家人和朋友取得联系，传达自身安全的消息并询问对方的生命安全状况。通常，第一手信息首先出现在社交媒体上，然后才会出现其他媒介传播方式在现场进行的报道。洪水、飓风、海啸、地震等自然灾害会造成严重破坏，并破坏所有形式的传统通信方式。但是，信息在社交媒体中不断流动，应急管理人员可以通过对信息的合理使用更好地应对灾害（Havlik，

Pielorz, & Widera, 2016)。实际上, 政府和其他危机管理机构已经注意到这一强大的工具, 并开始将其用于传播警报、状态更新以及收集灾害相关信息等方面。此外, 当政府机关的官方社交媒体账户得到广泛关注时, 可以在一定程度上提升政府的公信力, 获得民众的信任, 塑造更好的政府形象, 也更利于政府和相关管理机构在危机事件中采取行动。

在突发事件中, 每个人都潜在地会收集和分享信息。因此, 在线社交媒体在危机和紧急情况下可以发挥举足轻重的作用, 而且实际上这种作用的影响效果还在不断增强。但是在认可社交媒体在危机期间所发挥的即时、广泛、强大影响力的同时, 我们也需要注意社交媒体上呈现的信息可能并不准确, 甚至会传播错误的信息（包括谣言）。让人惊讶的是, 在社交网络散布错误信息的罪魁祸首却是人。从心理学的角度来看, 虚假信息之所以能得到传播, 其基础正是人类最大的认知弱点。真实新闻带给人们的往往是如悲伤、欢乐和信任一类的感受, 而虚假新闻往往会引发如恐惧、厌恶和惊奇的情绪反应, 似乎正是这些情绪元素, 导致了更多虚假信息的传播, 造就了虚假信息的强大影响力。在应急管理过程中, 人们时刻都面临着海量的信息, 其中很大可能会充斥着关于紧急事件的错误信息, 一旦让危及文化安全的不良信息得到广泛传播, 无疑会产生可怕的后果。因此, 关注这些媒体领域的文化安全问题, 做好监督、引导工作, 维护和加强应急管理中的文化安全是十分必要的。

二、国内领域的应急管理文化安全问题

在应急管理过程中, 国内领域也可能会出现危害文化安全的问题。文化分裂主义便是一种典型的、危害极大的威胁来源, 它有多种表现形式, 如极端民族主义、一些狭隘的文化本土化运动等。

极端民族主义企图通过塑造一种狭隘的、封闭的民族身份认同, 从最严格意义上区分"我们"和"你们"、"自己人"和"外来户", 并且大肆宣扬历史上曾经发生过的民族冲突和民族伤害, 以

维护所谓的"本民族利益",实现所谓的民族平等和民族自治。中国是一个由五十六个民族组成的大家庭,一直坚持着民族平等、团结和共同繁荣的基本原则。《中华人民共和国宪法》规定:"中华人民共和国各民族一律平等。国家保障各少数民族的合法权利和利益,维护和发展各民族的平等团结互助和谐关系。禁止对任何民族的歧视和压迫。"在应对重大危机事件时,所有民族总是会团结起来,众志成城,化解危机。但需要警惕的是,一些心怀不轨的敌对势力可能会利用危机事件,发出一些不和谐的声音,妄图制造威胁文化安全,不利于民族团结的争端。

狭隘的文化本土化运动是指发生在20世纪80年代末,一些地区打着"反抗文化霸权、维护文化传统"的旗帜,质疑本土人民包括原住民早已存在的文化身份认同,进行文化分裂并进而为族群分裂和政治对抗服务的各种活动(石英中,2004)。例如,"台独"势力便是一种典型的威胁我国国家安全的敌对势力,并且"台独"势力曾在台湾岛内不断地制造过"文化台独"。他们通过出版宣传品,在教育事业中弱化中国文化的影响力甚至美化日本的殖民统治,将"日本精神"看成"台湾文化"的重要组成部分等各种举措,企图逐渐割断台湾同胞与祖国的联系,解构和重塑台湾同胞的民族认同和国家认同,最终实现"去中国化"的目的。当国家其他地区发生重大公共事件时,这种运动更是可能放大重大公共危机的危害,动摇人们的文化认同感,进一步推进其所谓的"文化本土化运动"。

三、国际领域的应急管理文化安全问题

当今世界,任何一个国家都逃不开全球化的影响。全球化是人类社会发展的一种现象,它不仅仅发生在经济领域,而且已经扩展到了政治和文化领域,扩展到人类的一切生活领域。鉴于世界各国在政治、经济、文化、综合国力等方面并非均势的事实,由全球化所带来的资本、技术、劳动力以及知识、符号、价值观念等物质和精神元素的跨地区流动并非完全平等互惠的,这样便产生了由一个

或少数几个中心向其他边缘地区单向辐射和扩张的现象。那些在政治、经济和文化领域实力比较雄厚的国家往往占据了中心、主导和支配地位，可能会进一步加强全球的不平等秩序，形成新的"文化帝国主义"和"文化霸权主义"。

中国作为一个发展中国家，同样也会面临着文化全球化所带来的负面影响，我们的国家文化认同、民族文化认同和文化身份的认同都可能会受到挑战和威胁。事实上，文化全球化已经给国家文化安全带来了现实的挑战。戴维·赫尔德指出："在全球化的诸多体现形式中，国际品牌、大众文化偶像和工业品以及卫星向各大洲成千上万的人现场直播重大事件是最为直观、覆盖面广且渗透力强的。包括可口可乐、麦当娜和美国有线新闻网（Cable News Network，CNN）新闻在内的诸多文化产品都是全球化最大众化的象征。无论这些现象有着怎样的因果重要性和实际意义，毋庸置疑的是人们最直接感受和经历到的全球化形式是文化全球化（戴维·赫尔德，杨雪冬，2001）。"由此可见，文化全球化对于各国人民的影响都是十分直接和深刻的。

当某个国家发生重大灾害事故时，世界的目光都会迅速地集中于这个国家。以2020年发生的全球大暴发的新型冠状病毒疫情为例，疫情发生后，中国迅速开展疫情防控阻击战。中国采取行动之迅速、抗疫规模之广、抗疫力度之大世所罕见，展现出了中国速度、中国规模、中国效率。在全面、严格、彻底的防控举措落地实施之后，我国疫情防控形势持续向好、生产生活秩序加快恢复。中国是最早发现、报告疫情状况的国家，世界各国便把焦点聚集在了中国方面。当世界范围内出现疫情大流行时，中国积极地向需要帮助的国家进行援助，运送医疗物资，派遣医疗队伍，向世界介绍抗疫经验，彰显了大国风范。然而，也有一些妄图抹黑中国形象的言论出现在国家社会上，有国家指责中国是产生病毒的源头，因为抗疫力度不够导致了疫情的全球大流行，并且要求中国进行所谓的"赔偿"。这些无稽之谈是对中国的诬陷，是没有任何根据的胡言乱语，是试图打压中国的政治阴谋。全球化加快了信息在世界范围内的传播，特别是网络传播速度更为迅速，互联网上网访问量最大的100个站点中，有94个设在美国境内。因此，在应急管理中，警惕不正当的国际声音通过新的传播机制对我国的影响，特别是防止对我国文化安全的影响是至关重要的。

第三节　文化安全与应急管理心理学

近年来，学术界、教育界以及政府部门都对国家文化安全进行了探讨和研究，但鲜有研究者从心理学的视角对文化安全在国家重大公共事件应急管理中发挥的作用进行探究。所以，本节内容首先梳理文化安全的研究现状，从心理学的视角出发，阐明文化安全在应急管理中的重大意义，然后分析当前我国应急管理的现状和不足，最后结合心理学和应急管理的相关知识，就如何在重大公共事件应急管理过程中维护和加强文化安全提出若干政策性建议，供相关管理人员、机构和政府部门讨论。

一、文化安全的研究现状

"文化安全"这一术语在中国最早出现于20世纪90年代，朱传荣（1999）指出文化安全的核心是意识形态和价值观的安全。此后，关于国家文化安全的研究日益增多。在2014年习近平总书记提出"总体国家安全观"概念之后，文化安全作为最基本的领域之一受到了学术界的广泛关注。目前针对文化安全的研究主要包括四个方面，首先是文化安全的内涵研究。例如，张凤（2014）认为文化安全是全球化浪潮的产物。她指出，文化安全是指一个国家继承和发展意识形态、价值观和民族文化的安全性。其次是文化安全的影响因素研究。一般而言，影响文化安全的因素可以分为内部因素和外部因素。有学者认为，20世纪80年代兴起的大众文化便是西方意识形态渗透到我国主流意识形态的结果，它对我国民族观念的调整和民族品格的重塑都产生了重大影响（荣荣，刘卫东，2014）。再者是对文化安全问题类型的研究。例如，在汉英词典的编撰中，如果对词条的收录和释义不够准确，则很难将其所承载的中华文化思想观念与价值体系以文化话语的形式传递与表达出来，进而影响国家文化安全（郭凤鸣，2013）。最后是实现文化安全的对策研究。我国学者李炜炜（2015）指出，我们应该正视中国文化软实力传播的现状和不足，借助媒介融合这一契机，加快发展，建立合适的传播模式，加强中华文化的影响力。

综上分析可见，从心理学视角出发对应急管理过程中文化安全问题进行研究的较少。突发事件的应急管理工作十分重要，不仅关系到社会和谐稳定，更事关国计民生，是衡量执政党领导力、检验政府执行力、评判国家动员力、体现民族凝聚力的一个重要方面。应急管理主要是人参与实施的活动，只有了解和掌握人的心理活动规律，才能顺利执行应急管理行动。而文化作为影响人的心理与行为的一个重要因素更不能忽视，只有在文化安全得到保证的前提下，才能够真正实现以人为主体的应急管理活动目标的完成。

二、我国应急管理的现状和不足

在不同的历史阶段，中国进行了不同的应急管理体系建设。吴波鸿、张振宇和倪慧荟（2019）从"规模—效率"视角出发，将中华人民共和国成立以来中国应急管理体系建设划分为四个阶段：分类管理为主、临时机构牵头的应急管理议事协调时期，以"一案三制"［"一案"指应急预案，"三制"分别指应急管理体制、机制和法制（薛澜，刘冰，2013）］为核心的应急管理体系建设时期，以"一案三制"为核心的应急管理体系的实践、完善与反思时期和总体国家安全观下中国特色应急管理体系建设时期。

习近平总书记在党的十九大报告中指出："坚持总体国家安全观。……必须坚持国家利益至上，以人民安全为宗旨，以政治安全为根本，统筹外部安全和内部安全、国土安全和国民安全、传统安全和非传统安全、自身安全和共同安全，完善国家安全制度体系，加强国家安全能力建设，坚决维护国家主权、安全、发展利益。"在这一背景下，应急管理部应运而生，将总揽中国应急管理与防灾减灾救灾工作。目前，我国已初步建成国家应急管理体系，应急预案逐步完善，已基本建立起应急管理的法律体系（闪淳昌 等，2020）。在中国共产党的领导下，各地方结合分级管理、分类管理以及综合协调的具体要求，逐步规范突发公共安全事件的管理行为，构建完善的应急体系。首先，非常设应急管理指挥机构在各类突发应急管理事件中扮演着重要的角色，主动应对各种突发公共安全事件，积极维持社会正常秩序。其次，有关部门着手编写及完善综合性应急预案，国务院在突发重大公共安全事件发生时也相应发布相关指南，以加强对突发重大公共安全事件应急预案的有效管理，在应对各种突发公共事件的过程中发挥着关键性的作用。最后，为有效应对各种突发性公共事件，我国逐步完善相应的法律法规，以宪法为核心，针对性地调整管理方向，构建完善的应急管理法律体系，充分发挥法律固根本、稳预期、利长远的保障作用。

中国的应急管理体系建设在不断进步与完善，但仍存在一些不足。首先，应急管理体系的顶层设计还存在日常管理与应急处置无法实现高效衔接、各下级部门职责边界不够清晰、应急管理过程中信息化程度不够等问题。其次，应急管理实践中也存在一些具体问题，如对风险隐患的关注不够，重应急处置而轻风险管理，在面对特大灾害时应急管理机制不够完善、操作不够标准化等问题。最后，对重大突发事件造成的"无形"影响的关注还不够。灾害事件带来的不仅是经济、社会、财富等方面的"有形"损失，还包括给人们心理带来的难以磨灭的"无形"损害。灾害给人们带来的心理创伤是严重和持久的，对个体的幸福感以及社会的和谐发展都具有消极影响。因此，识别和诊断由重大危机事件造成的心理问题，给予及时的治疗也应该成为应急管理体系建设中的重要环节。

三、文化安全与应急管理建议

（一）加强文化安全的制度保障——建立文化安全预警机制

从制度建设方面出发，加强和维护应急管理心理学中的文化安全，一个非常重要的制度保障就是建立文化安全预警机制。建立文化安全预警机制的目的，就在于对文化突发事件进行管理，防止文化突发事件演变成文化危机事件。国家文化安全预警机制就是国家启动各种文化安全管理手段，对危及国家文化安全的各种要素进行不间断的监控，对有助于强化国家文化安全的力量进行数据采集、分析、评估和鉴别，对危及国家文化安全的要素准确地进行警示性的反应，预先发布相应的警告并做出应对措施（蓝波涛，王新刚，2019）。具体而言，就是在应急管理过程中，建立一套检测和评估文化安全状况的系统，可以通过该系统收集文化安全相关数据，分析文化安全状况，识别潜在风险，评定文化安全级别，还可以根据相应的计算模型对文化安全的趋势进行预测，然后向有关应急管理部门或公众发布信息。

建立文化安全预警机制的关键在于建立一套可操作的文化安全状况评估体系。文化是极其复杂的，所以对文化安全的评估也是十分困难的。联合国教科文组织在 2002 年的世界文化报告中提出了一套衡量世界文化状况的指标体系，包括"对地理区域的认同""对本国的感情""对国家成就的自豪感""对文化多样性的看法"等。我们可以借鉴这种评价方法，构建适用于我国应急管理的全方位的文化安全检测体系，一旦分析表明文化安全出现了问题，那么相关部门就可以及时采取干预措施，以恢复文化安全状态。在制定国家文化安全预警机制的过程中，要综合运用管理思想和管理方法，对文化突发事件进行全面和系统的评价，然后提出一个具体的有可操作性的额外方案。一般而言，一个完善的安全预警机制的运行逻辑大致可分为四个阶段：明确警情、寻找警源、分析警兆、预报警度

（朱嘉林，王让新，2004）。对文化安全突发事件的干预要及时而高效，一旦错过了最佳干预时间，事件可能会迅速扩散进而造成难以挽回的恶果。然而，由于文化安全可能会受到复杂思想意识的影响，有时很难做出较为及时准确的判断。所以，在建立文化安全预警机制时，不能单一地依赖统计数据的模型量化，也要引进专家的柔性分析和判断，结合专家的调研、交流和经验分析，更好地识别、控制和应对文化安全突发事件。

（二）加强文化安全的技术保障——建立文化安全大数据平台

从技术支持方面出发，加强和维护应急管理心理学中的文化安全，重要的技术保障就是建立文化安全大数据平台。大数据正在改变世界，数据的分析和收集是提升应急管理效能的重要手段。欧美一些国家已经开始把大数据运用到应急管理中，并取得了一定成效。根据应急管理最简单的时间序列划分法，我们探索了大数据在应急管理事前、事中和事后阶段的应用可能性。

事前准备阶段。在该阶段政府或其他部门要发挥职能，为大数据的应用做好必要的准备。具体的措施包括提供硬件和软件支持，设备要齐全，并对技术进行升级，以大数据工作的需求为导向，完备设施需求。在数据管理和使用权限上，政府可以考虑进一步扩大数据共享平台，还可以设置"大数据信息官"并赋予其改进组织流程的权限，以推进大数据在部门工作中的落实。

事中响应阶段。在该阶段，信息的畅通传递和有效融合是关键环节。政府或其他部门可以借助大数据技术快速地采集到海量信息，在分析和利用这些数据的同时，也要进行数据共享，建立统一的数据中心，供所有相关人员使用，提高应急管理的效率。此外，管理指挥人员、专家技术人员和现场处置人员的沟通和交流也非常重要，所以要建立高效的信息传递和共享渠道。

事后处置和救援阶段。在该阶段，及时了解救援信息和对所获信息的处理最为重要。如果有明确的信号可以让应急处置人员快速了解需要救援的地点和所需救援内容，救援效率便可大幅度提高。大数据在事后处置中的应用便是遵循这种逻辑：通过网络或者监控设备，采集需要救援的信息，用算法筛选整合这些信息，并将指令快速传达给应急处置人员，从而提高救援效率（马奔，毛庆铎，2015）。

（三）加强文化安全的内容保障——增强文化创新力

加强文化安全的一个重要因素是保持文化的先进性，文化创新力在保证文化先进性中居于核心地位。创新是保持文化内容先进性的根本，是积累文化势能，为文化传播提供源源不断动力的发动机。因此，增强文化创新力是加强文化安全内容的重要保障。文化的创新性与文化的先进性是相辅相成、相互促进的，保持文化创新力，文化才会具有先进性，而先进的文化才能促进文化不断创新。

创新力对于文化发展至关重要，文化创新力的萎缩和文化先进性的丧失是造成中国历史上文化危机的主要原因，而每次危机的解除和每次文化发展的飞跃都受益于文化创新力的突破和文化先进性的回归。例如，19世纪下半叶至20世纪初，由于长期的封闭和僵化，中国文化遭遇了空前危机。面对"三千年未有之变局"，在经历了倡导民主和科学"五四"新文化运动的文化改造，以及马克思主义传入中国，其基本原理同中国实际相结合，同中华优秀传统文化相结合后，中国文化才焕发了新的创新力，中国文化也因此重获了先进性。中国文化的发展过程绝不是沿着一个固定和僵死的模式发展的过程，而是在世界文化的激荡中不断发展的过程。可以说中国文化的发展实质上就是在中外文化的相互交融与激荡中保持先进性和创新力的过程。因此，如果简单地把维护国家文化安全理解为保持中国传统文化的"纯洁性"，保持社会主义意识形态的"纯洁性"，则很有可能会导致中国文化画地为牢、故步自封、僵死停滞。如此，中国文化的创新性和安全性就会大打折扣，文化安全也会受到威胁。

中国文化在一个多世纪以来的发展过程中，经历了"东西之争""华夷之辨"等诸多争论。对于是完全接收西方文化，实行全盘西化，还是直接吸收传统文化，实现儒学复兴，是清末以后几代中国人争论不休的话题。随着全球化的不断深入，各种文化思想都会对我们的文化循环思维产生冲击，我们的文化发展不能局限于"东方"或"西方"这样简单划分的概念，不能割裂或者对立地看待东西两种文化。在全球化的宏大背景下，我们需要警惕和反对的是"文化侵略"、恃强凌弱的"文化霸权"、包藏祸心的"文化渗透"等，但是我们不反对"文化"本身，特别是先进和优秀的文化。因此，只有立足于当代中国文化实践，超越所谓的"东与西"，以一种全球的视野、全球的胸襟和全球的勇气在全球范围内吸纳当代先进文化成果，才能持续激发中国文化的创新活力，不断创造出符合新时代的文化，保持文化的先进性。唯此，中国文化才能保持鲜活的创新力，才会源源不断地产生出先进的文化，才能为文化安全提供内容保障。

（四）加强文化安全的心理保障——提升文化认同感

文化认同（cultural identity）指的是人们对自己"文化身份"的认可。郑雪和王磊（2005）认为文化认同是指个人的认知、态度和行为与同一文化环境下大多数成员的认知、态度和行为相同或一致的程度。基于文化认同的心理学意义，马向阳等人（2016）将文化认同划分为认知文化认同、情感文化认同和行为文化认同。塔菲尔和特纳（Tajfel & Turner，1986）则将文化认同分为认知文化认同、情感文化认同和评价文化认同。文化认同中的认知成分是指通过自我分类意识到自己是某一区域性团体的成员，并试图通过成员身份获得该团体对自身的积极认可。文化认同中的情感成分是指个人对认同群体的情感承诺和情感投入。文化认同的评价成分则代表了个人对集体成员身份的评价是正面的还是负面的，即集体自尊。

人类的文化认同形式与时代发展密切相关，会随着时代变化而不断发展变化。全球化趋势是当今世界不可逆转的潮流，这一外部环境结构因素也会使得文化认同和国家文化安全发生相应的转变。全球化这一国际环境结构因素塑造了国家的安全利益，这会直接影响国家的安全政策。同时，国家所处的全球化文化环境与国内环境的文化因素共同塑造了新的时代背景下国家的文化认同。这就要求我们在构建国家文化安全战略时，不能只片面地将注意力放在全球化的文化环境上。因为全球化只是一种外部结构因素，作为决定事物发展的内部力量——"人"才是维护国家文化安全的关键。所以，任何文化安全战略的制定必须立足于以人为本、以民为本的理念之上。换句话说，促进文化安全不能一味强调全球化背景下，国外强势文化对我国文化安全的威胁和挑战，而应该更多关注维护国家文化安全的内因，从更深层次的文化认同中去探寻提升国民文化认同感的方案。文化认同有助于在文化全球化浪潮的冲击下保持本民族文化的独立性，从而避免本民族文化被同化、吞噬，并且有助于抵制"强文化"与"弱文化"之间的不平等交流（冯向辉，2007）。文化认同可以成为改变和重塑某些社会标准的强大力量，它是促进社会发展必不可少的动力。如果社会发展总是能够以某种默认的方式不断进步，那么文化的认同和传播就是社会进步的坚实基础（余晓慧，2018）。因此，提升文化认同感对于维护和加强文化安全是至关重要的。提升文化认同，要重视和发挥教育和宣传的主导作用。第一，要深入挖掘中华文化中闪耀的部分，并且将其发扬光大，让公众获得文化自豪感，唤醒公众的文化自觉。第二，要加强历史教育、爱国主义教育、民族精神教育、文化传统教育和社会主义核心价值观教育，以增强公众的文化自信。第三，要重视新媒体工具的传播影响力，开展网络文化教育，深入公众，让公众更加了解自己的文化，以实现真正的文化认同。

参考文献

戴维·赫尔德，杨雪冬．（2001）．全球大变革：全球化时代的政治、经济与文化．北京：社会科学文献出版社．

冯向辉．（2007）．论全球文化形成中的文化认同与冲突．社会科学战线（1）：40-43．

郭凤鸣．（2013）．汉英词典编撰与中国文化安全．思想战线，39（4）：125-128．

蓝波涛，王新刚．（2019）．新时代维护我国国家文化安全的路径选择．马克思主义理论学科研究，5（6）：95-102．

李炜炜．（2015）．媒介融合背景下中国文化软实力国际传播模式探析．现代传播，37（1）：166-167．

刘跃进．（2004）．解析国家文化安全的基本内容．北方论丛（5）：88-91．

马奔，毛庆铎．（2015）．大数据在应急管理中的应用．中国行政管理，（3）：136-141，151．

马向阳，辛已漫，汪波等．（2016）．文化认同与区域品牌共鸣对消费者购买意愿影响研究——产品涉入度的调节作用．天津大学学报（社会科学版），18（3）：224-230．

荣荣，刘卫东．（2014）．大众文化传播与国家文化安全．天津师范大学学报（社会科学版）（1）：52-56．

闪淳昌，周玲，秦绪坤等．（2020）．我国应急管理体系的现状问题及解决路径．公共管理评论（2）：5-20．

吴波鸿，张振宇，倪慧荟．（2019）．中国应急管理体系70年建设及展望．科技导报，37（16）：12-20．

薛澜，刘冰．（2013）．应急管理体系新挑战及其顶层设计．国家行政学院学报，（1）：10-14．

严兴文．（2007）．试论国家文化安全的内涵、特点和作用．韶关学院学报，28（2）：138-141.

余晓慧．（2018）．文化认同营造和谐的社会关系．学术探索（9）：134-139.

张凤．（2014）．文化安全视阈下马克思主义大众化路径思考．毛泽东思想研究，31（1）：129-132.

郑雪，王磊．（2005）．中国留学生的文化认同、社会取向与主观幸福感．心理发展与教育，21（1）：48-54.

朱传荣．（1999）．试论面向21世纪的中国文化安全战略．江南社会学院学报（1）：9-13.

朱嘉林，王让新．（2004）．关于国家文化安全预警机制的思考．攀枝花学院学报，21（6）：32-34.

Balana, C. D. (2012). Social media: major tool in disaster response. Inquirer Technology, 15(5).

Havlik, D., Pielorz, J., & Widera, A. (2016). Interaction with Citizens Experiments: From Context-aware Alerting to Crowdtasking. ISCRAM 2016 Conference Proceedings-13th International Conference on Information Systems for Crisis Response and Management.

Jaeger, P. T., Shneiderman, B., Fleischmann, K. R., Preece, J., Qu, Y., & Wu, P. F. (2007). Community response grids: e-government, social networks, and effective emergency management. Telecommunications Policy, 31(10-11): 592-604.

Tajfel, H., & Turner, J. C. (1986). The social identity theory of intergroup behavior. Psychology of Intergroup Relations, 13(3): 7-24.

第七章
社会安全应急管理心理学

第一节　社会安全事件概述

一、社会安全的定义

社会安全是国家安全的重要内容，主要是指影响社会公共秩序和人民生命财产安全的安全问题，涉及打击犯罪、维护稳定、社会治理、公共服务等多个方面，涉及生产、工作、生活的各个环节，既事关每个社会成员切身利益，也事关国家经济发展和社会稳定，对于保障人民安居乐业、社会安定有序和国家长治久安有十分重大的意义。从20世纪90年代开始，人们对民族认同和社会文化等问题的重视程度逐渐超过对军事安全以及其他冲突等问题的关注。在这个背景下，社会安全开始作为一个理论得以发展和传播，并由此产生了社会安全理念，这一新的理念认为社会安全的客体不是"国家"，而是"社会"，安全研究的注意焦点开始从传统的以军事安全为主的国家中心主义范式逐渐转移到对社会的关注上来（冯毅，2010）。在总体国家安全观中，社会安全具有"两个属性"和"四个定位"。其中，两个属性一是与军事安全、文化安全同为中国特色国家安全的保障，二是国家安全体系的一部分。四个定位包括：

在"既重视外部安全，又重视内部安全"中，社会安全属于内部安全；在"既重视国土安全，又重视国民安全"中，社会安全属于国民安全；在"既重视传统安全，又重视非传统安全"中，社会安全既属于传统安全又属于非传统安全；在"既重视发展问题，又重视安全问题"中，社会安全既属于安全问题也属于发展问题，是与发展关系最为密切的安全问题（郭强，2016）。

二、社会安全事件的定义

社会安全事件是社会安全问题的外在表现，专指发生在社会安全领域中的重大事件。目前，学术界以及我国法律文件中对于"社会安全事件"的概念没有做出明确界定。《中华人民共和国突发事件应对法》规定，社会安全事件是与自然灾害、事故灾难、公共卫生事件相对应的一种突发事件类型。《国家突发公共事件总体应急预案》列举了几类常见的社会安全事件，即"恐怖袭击事件、经济安全事件和涉外突发事件等"。此外，不同学者就社会安全事件的概念也提出了一些不同的观点，周定平（2008）提出，社会安全事件是指发生的重大群体性事件、严重暴力刑事案件、恐怖袭击等严重威胁社会治安秩序和公民生命财产安全，需要采取应急特别措施进行处置的突发事件。也有学者认为，社会安全事件是指发生在社会安全领域，各种人为因素导致的，对社会安全可能构成威胁或者已经带来严重危害的，需要由政府及相关部门采取紧急措施予以处置的事件（武西峰，张玉亮，2013）。而郭强（2016）基于总体国家安全观中的社会安全内涵，认为社会安全的范围主要包括社会治安、公共卫生、生活安全、生产安全、交通安全、群体性事件、恐怖袭击、民族宗教冲突、涉外突发事件、特殊群体安全事件等。

综合法律文件和不同学者的观点可以归纳出社会安全事件的三大共性：一是由人为因素造成，二是对社会公共秩序和人民生命财产安全产生威胁，三是需要采取应急措施进行处置。基于此，本书将社会安全事件定义为由人为因素导致的，威胁社会公共秩序和人民生命财产安全，并需采取应急措施进行处置的突发事件，主要包括交通安全事件、生产安全事件、生活安全事件、治安刑事事件、恐怖袭击事件、群体性事件、民族宗教事件、涉外突发事件等。按人为因素的有意和无意，可将社会安全事件分为两类：其一是人为故意或恶意导致的社会安全事件，如治安刑事事件、恐怖袭击事件、群体性事件、民族宗教事件、涉外突发事件；其二是人为处置不当或无意导致的社会安全事件，如交通安全事件、生产安全事件、生活安全事件。

通常情况下，社会安全事件按照严重性、影响范围和可控程度，分为一般事件、较大事件、重大事件和特别重大事件四个级别。其中，一般事件通常指一般群体性事件，此类事件的严重程度和影响范围尚未达到较大群体性事件的级别。较大事件通常包括以下几种类型：造成3人以下死亡、10人以下受伤的群体性事件；影响社会稳定、参与人数在100人到1000人之间的事件；导致不同地区或行业的社会稳定状况受到影响的连锁反应事件。重大事件通常包括以下几种类型：造成3人到10人死亡，或10人到30人受伤的群体性事件；对社会稳定产生较大影响的游行示威、罢工和请愿活动等，参与人数在1000人到3000人之间的事件；阻碍重要交通枢纽或城市道路交通4小时以上的事件；导致不同地区或行业的社会稳定状况受到影响，引发较严重损失且事态可能进一步升级的连锁反应事件。特别重大事件通常包括以下几种类型：阻碍重要交通枢纽或城市道路交通8小时以上的事件；围攻党政军机关和相关重要部门、参与人数在3000人以上的事件；造成重大人员伤亡的、参与人数在500人以上的群体性冲突或斗殴事件。此外，针对以上不同程度或级别的社会安全事件，其相应的应急响应级别也分为IV级、III级、II级和I级四个级别。

三、社会安全事件的特征

（一）紧急性

社会安全事件作为一种突发性事件，具有很强的紧急性，主要体现在以下三方面：其一，在社会安全事件发生前，几乎没有任何先兆，突然间爆发并扩散开来，涉及面广，影响力大，人们对此毫无预测和充足准备。其二，在社会安全事件发生时，人们几乎都无法获得事件的全面信息。因此，人们往往不能准确把握事件的性质和未来发展的可能及趋势，从而导致外界急切希望了解社会安全事件的真实情况。其三，在社会安全事件发生后，事态能在短时间内迅速发展并造成严重后果，急需在有限的时间范围和信息条件下做出相应判断，并迅速采取各种应急措施，以遏制事态的发展，避免造成更大的社会危害和后果。

（二）社会性

社会安全事件主要发生在社会安全领域，冲击的是人与人之间形成的社会关系，其社会性主要表现在以下两方面：一是社会安全事件对社会公共秩序和人民生命财产安全产生影响和威胁；二是社会安全事件超越个案和局部地点，影响范围足以达到所谓"社会性"或"公共性"的程度。这里的社会性和公共性主要体现在事件本身可能引起公众的高度关注，以及对公共利益产生较大的负面影响等方面，如危及公共安全、损害公共财产、破坏正常的社会秩序。

（三）人为性

社会安全事件的发生几乎均由人为因素造成，表现出明显的人为性。按照人为因素的有意和无意，可分为以下两种：一是人为故意或恶意引发的社会安全事件，包括治安刑事事件、恐怖袭击事件、群体性事件、民族宗教事件、涉外突发事件，在这类事件中，人们带有明显的目的性和意识性，并在事先做出了一定的计划，例如，重大刑事犯罪导致的社会安全事件对于作案者自身而言，显然是意料之中的。二是人为处置不当或无意导致的社会安全事件，包括交通安全事件、生产安全事件、生活安全事件，这类事件往往不由人们的主观意图所致，而是由操作者的人因失误引发，如疏忽大意或操作不当。

（四）危害性

社会安全事件的危害性主要表现在两个方面：一是事件后果的严重性和破坏性，社会安全事件的发生，会危及公共安全、损害公共财产、破坏公共秩序以及减损公众福祉，关系社会生活的各个方面，并对社会的稳定状态构成严重的威胁或损害。此外，社会安全事件还会致使民众产生极度的不安全感和恐慌情绪，例如，美国"9·11"恐怖袭击事件不仅导致数千人遇难和数千亿美元的经济损失，还对美国民众的心理造成了极大的伤害。二是社会安全事件在其发展过程中会引发一连串的相关反应，即产生"涟漪反应"或"连锁反应"。

（五）特定性

相较于事故灾难事件、自然灾害事件和公共卫生事件，社会安全事件发生的领域具有鲜明的特定性。这种特定性表现在社会安全事件通常发生在社会公共安全领域内，具有高度的扩张性。具体来说，社会安全事件主要表现出以下几个方面：直接威胁不特定人的人身安全和财产安全；直接威胁多数人的人身安全和财产安全；危及重大公共利益安全；危及公共生活安宁；危及重大生产安全；直接威胁重大公、私财产安全。这与上述提到的其他三种突发事件的发生领域有显著的区别，其中事故灾难事件主要发生在生产领域，如煤矿安全事故、建筑安全事故和航空安全事故等，对国家安全生产制度造成冲击；自然灾害事件主要是指发生在自然界的各种灾害，如海啸、地震和洪水等灾难；公共卫生事件主要是指重大传染病疫情或其他不明原因疾病对公众健康产生影响的事件，如新冠疫情、肺鼠疫、肺炭疽等。

第二节　社会安全事件中人的心理特征和表现

如上节所述，社会安全事件包括人为故意或恶意导致的事件和人为处置不当或无意导致的事件。而群体性事件作为人为故意或恶意引发的事件，是各类社会安全事件中危害最大、影响最深远的一类事件（武西峰，张玉亮，2013），也是各类社会安全事件中发生频率最高的一类事件。因此，本节以群体性事件为例，分析社会安全事件中人们的心理特征和表现，并在下一节中，以群体性事件中的心理危机干预为例，阐述社会安全事件应急管理中的心理危机干预过程和方法。

群体性事件是指有一定人数参加的、通过没有法定依据的行为对社会秩序产生一定影响的事件，通常可划分为维权行为、社会泄愤事件、社会骚乱、社会纠纷和有组织犯罪五种类型。它包括以下四方面的特征：①事件参与人数必须达到一定的规模，一般5人以上是最低标准；②事件中出现的行为在程序上没有明确的法律规定，甚至是法律和法规明文禁止的；③事件中聚集的人群并不一定有共同的目的，但有基本的行为取向；④事件对社会公共秩序产生了一定影响（于建嵘，2009）。群体性事件可分为酝酿形成、诱导发生和发展激化三个阶段（董嘉明，2008），在此基础上本节分别阐述和分析事件不同阶段中人们的心理特征和表现，这有助于群体性事件的预防和化解，从而保障社会公共秩序和人民生命财产安全。

一、事件酝酿形成阶段的主要心理特征和表现

（一）相对剥夺感

当人们将自己的处境与某种标准或特定参照物相比较并发现自己处于劣势时，就会产生"相对剥夺感"，这是指个体在现实中缺乏某种渴望拥有的东西所产生的心理状态或体验。相对剥夺感的产生主要源自横向的人际比较和纵向的时间比较，其中，横向的人际比较是以周围的人为参照群体进行评价，而纵向的时间比较是以自我的过去或对未来的期望和价值标准为参照系进行比较。无论是横向的人际比较还是纵向的时间比较，一旦人们感知到相对剥夺，就会产生一系列消极情绪和行为反应，如沮丧、愤怒，对更高社会地位群体采取对抗行动。有研究表明，相对剥夺感或不公正感带来的负面情绪（如愤怒）会导致人们选择参与群体行为（Lodewijkx et al.，2008）。

在现实生活中，个体的相对剥夺感可能会潜藏较长时间且不易被察觉，并成为社会安全的隐患。如果某一社会群体中的成员都产生了共同的相对剥夺感，那么这种个体的相对剥夺感就容易转变为群体的相对剥夺感。群体相对剥夺感的出现会为社会安全事件的酝酿和形成提供心理基础和内部动力。相对剥夺感是社会普遍存在的心理现象，其中剥夺感的主要体验者正是社会安全事件的参与民众。例如，当社会贫富差距加剧时，容易引发社会贫困人群的相对剥夺感，并导致其发起、参与群体性事件，从而影响社会稳定，因此，社会贫富差距的减小有助于降低人们的相对剥夺感，维护社会稳定与和谐。

（二）自我服务归因

归因理论认为，人们经常会对自己或他人的行为表现的因果关系做出解释和推论。一般来说，个体会把行为的原因归结为内部原

因和外部原因两种，内部原因指的是存在于个体本身的因素，如自身的努力、能力、态度等，外部原因指的是环境因素，如外部的奖励和惩罚、任务的难度、运气等。然而，由于受到认知局限性以及动机、性格等因素的影响，个体做出的归因并非总是准确理性的，会出现归因偏差，如最常见的自我服务归因偏差。存在自我服务归因偏差的个体会无意或有意地将肯定的结果（如自身的成功）归于内部原因，而将否定的结果（如自身的失败）归于外部原因。从归因偏差的角度看，社会安全事件参与者可能存在将自身的利益受损和挫折归结为由制度不公等外部环境原因导致的倾向，而不是从自身能力素质等内部因素方面寻找利益受损和挫折的原因，从而逐渐形成自我服务归因的心理特征，产生社会不公感和挫折感，导致心态的失衡以及怨恨情绪的积压，以至于为社会安全事件的酝酿和形成提供了心理基础和内部动力。

（三）社会不公平感

公平感既是一种正当合理的状态，也是人们追求自我实现过程中的一种需求，它通常受到外部客观的社会因素以及内部主观的心理体验的影响（熊青，2014）。而当人们对社会中的公平程度以及自身在当前社会公平中所处位置的现状进行主观评价时，会相应地产生社会公平感或社会不公平感，它是人们的一种主观感受（廉思，2012）。当人们处在一个公平程度较高、各项社会制度相对完善的社会中时，其社会公平感也相对较高；反之，当人们处在一个公平程度较低、社会制度相对不完善的社会中时，则更容易出现较高程度的社会不公平感。比如，社会财富的分配状况、教育公平状况、社会民主程度等都会对社会不公平感产生影响。社会不公平感的增加，会降低社会的和谐程度，并为一些社会安全事件尤其是群体性事件的酝酿和形成提供条件，从而对社会的稳定构成威胁。例如，一些原本单独的个体矛盾，在社会不公平感不断蔓延和发酵的影响下，逐渐演变成为大规模的冲突事件。其中，青年群体具有巨大的社会能量，以往在非洲、拉丁美洲和欧洲等国家中，一些反社会和反体制的极端情绪均来自青年群体，并且会通过青年群体向社会其他群体进行传播和扩散。因此，诸多研究者对青年群体的社会不公平感进行了探究，如一项关于社会不公平感与情绪状况的研究发现，青年职员（包括机关事业单位工作人员和企业单位职工）的社会不公平感与不同情绪症状（如焦虑和抑郁）之间具有显著的相关性（熊青，2014）；廉思（2012）对高校青年教师的社会不公平感进行了考察，结果发现高校青年教师对未来社会公平的趋势抱有积极乐观的态度，但他们对当前社会公平现状的觉察和认识是相对比较负面的。廉思和张琳娜（2011）对转型期"蚁族"（即低收入聚居群体）的社会不公平感进行研究发现，"蚁族"对未来的发展或成功通常抱有强烈的信心和期望，但他们又难以从自身家庭中获得一定的经济资助或其他资源，这种自身期待与现实情况之间的反差容易导致"蚁族"产生较高的社会不公平感。

（四）信任感缺失和社会焦虑感

信任在人类生产生活中扮演着十分重要的角色，而在社会安全事件酝酿形成阶段，信任感缺失是一个重要的因素和特征。信任感缺失可以反映出各种社会关系的现状，如民众与社会组织的关系。在当前发生的一些群体性事件中，部分民众信任感下降或缺失，不相信当前所处的社会能够公平合理地解决相应的诉求和问题，从而引起社会上不满情绪的累积，导致一些群体性的行为发生。一项研究基于"转型社会视角"，对转型期我国社会信任感的结构、阶层特征和区域特征进行了分析和考察，结果发现政府信任感、社会组织信任感和社会信息信任感是我国民众社会信任感的三个维度，并在不同社会阶层和地理区域中表现出差异化特征（井世洁，杨宜音，2013）。此外，另一项研究对社会信任感的促进机制进行了考察，发现工作因素与民众社会信任感息息相关，高质量的就业可以促进社会信任感的提升，而户籍歧视和性别歧视容易导致外来务工人员和女工出现更多的加班现象，从而进一步对他们的社会信任感造成不利影响（朱晨，岳园园，2017）。

此外，社会焦虑感是社会安全事件酝酿形成阶段的另一个重要心理特征和影响因素。在社会发展过程中，一些不确定性因素会给民众生活带来困扰，当人们没有足够的能力和资源去应对这些不确定性因素时，容易产生社会焦虑感。尤其是在社会发生转型的过程中，社会群体会在短期内经历各项制度的变革，并且容易出现社会贫富差距不断加大的现象。例如，一项关于社会转型期民众社会焦虑影响机制的研究发现，地区的贫富差距现状显著影响了民众的社会焦虑感。当民众处在贫富差距程度较低的社会结构中时，社会焦虑感的发生频率相对较低，当民众处在贫富差距程度较高的社会中时，社会焦虑感的发生频率相应增加（凌巍，2013）。此外，当前互联网的发展，使得人们容易受到各类消息的影响，并让人们对瞬息万变、快速发展的社会产生焦虑感，担心自身被快速发展的社会所抛弃，而互联网所引发的复杂情感会对民众的心理造成相应的挑战和痛苦（袁爱清，孙强，2017）。总体而言，在社会转型过程中，一部分社会群体在利益重新分配格局中被弱势化，从而导致这些群体处在社会边缘地带，成为弱势群体。这些弱势群体对自身在社会中的生存和发展具有很强的危机感，并长期被社会焦虑感所困扰，会滋生出压抑、烦躁情绪甚至是非理性的冲动等。因此，社会焦虑感的长期存在，可能致使民众发生冲动的群体性事件，不利于社会的稳定与和谐，这为社会安全事件的酝酿和形成提供了心理基础。

二、事件诱导发生阶段的主要心理特征和表现

（一）从众心理

从众心理是指个体因受到外界人群行为的影响，而在知觉、判断等方面表现出符合公众舆论或与多数人相同的行为方式。个体产生从众心理的原因是多方面的，具体来讲，可分为以下三方面：一

是情境因素，在特定的条件或情境下，由于无法获取充足的、准确的信息，个体易产生从众心理；二是群体因素，群体规模大、凝聚力强、群体意见一致性高，都易于导致个体产生从众心理；三是个体自身因素，主要反映在人格特征、性别差异与文化差异等方面。此外，在群体性事件的诱导发生阶段，事件的核心人员可能借助人们的从众心理，通过语言或行动等手段对周围人的心理和行为造成影响，周围的人受到核心成员的暗示后，会不假思索地对核心人员的行为加以模仿，通过模仿，某一群体的人们表现出相同的行为举止。

(二) 集体效能心理

集体效能是群体事件参与者对本群体能否完成既定任务或特定目标的估计。研究表明，参与者在多大程度上相信参与群体行为能够解决所面临的问题，是决定其参与意愿的核心因素 (Mummendey et al., 1999)。也就是说，个体所形成的集体效能感能使其感受到集体的力量，并相信能够通过集体的努力改变目前的不利地位或现状 (Drury & Reicher, 2000)。若集体效能感高，人们认为群体行为能够实现自身的诉求或改善自己的不利处境，则易导致群体性事件的诱导发生；反之，若集体效能感低，人们认为群体行为对实现自身的诉求以及改善不利处境毫无帮助，则不易导致群体性事件的诱导发生。

集体效能心理和从众心理都是参与者在事件诱导发生阶段的主要心理特征和表现。从众心理是个体在情绪感染或群体压力下对群体行为的趋同，属于感性的认识；而集体效能心理是对群体目标以及自身诉求能否实现的评价，属于理性层面的考量，两者共同作用于群体性事件，导致群体性事件的发生。

三、事件发展激化阶段的主要心理特征和表现

（一）责任分散心理

责任分散即由于有他人在场，个体在面对紧急情境时所需承担的责任相应减少。具体来说，当个体单独完成任务或参加活动时，他必须承担起所有的责任，此时个体的反应更加积极，责任感明显上升；但当个体作为群体中的一员共同参加活动或完成任务时，则态度的积极程度以及责任感都会降低，因为此时的责任被群体中的成员所分散和扩大化了。由此可见，责任分散的实质就是人多不负责，责任难落实。而俗语中的"三个和尚没水喝"，则是责任分散心理的生动体现。

在群体性事件中，参与者会意识到人数赋予他的力量，出现责任分散心理，认为只要混在群体中，做着和其他成员相同的事，自己的行为便不会受到追究或处罚，即使出了问题，责任也是大家的。这样一来，约束个人的道德和社会机制在群体中失去了效力，一旦发生群体性事件，个体的责任分散心理会导致事件参与者的行为责任意识下降，并助长个体的冒险行为，会更加不考虑需要承担的行为后果，从而激化了事态的发展并扩大了事件的严重性。

（二）去个体化的匿名心理

所谓去个体化，是指个人在群体中丧失自身身份特征和个性的现象。社会心理学家认为，当人们处在群体中时，容易感到自己被"淹没"在群体中，群体的行为与目标认同会取代个体的自我认同，导致个体自制力下降，对自己的价值和行为缺乏足够的意识。此外，许多研究表明，群体规模越大、成员越多时，去个体化程度就越大。正是由于去个体化的影响，群体中的人们常常会出现匿名心理，即在缺乏社会约束力的匿名状态下，人们可能会失去社会责任感和自我控制能力。

在群体性事件中，参与者并非以"个人"的身份和面目出现，而是作为事件群体的一员参与活动，其行为被群体共同行为所"同化"，这会导致个体的隐匿性增强，个人的"身份感"降低，让参与者产生"匿名者"的自我感觉。正是受到这种匿名心理的影响，参与者单独行动时存在的恐惧情绪会转移或消失，责任感下降，自我判断能力也会降低，并由此表现出对事件的极大自我投入度和卷入水平，做出日常生活中不会做出的非理性行为或社会规范外的越轨行为，从而进一步激化了事件的发展。

第三节 社会安全事件应急管理中的心理危机干预

一、社会安全事件心理危机干预的含义

(一) 社会安全事件中的心理危机及特点

社会安全事件中的心理危机是在社会安全事件发生时，当事人及卷入人员产生的一种负面心理状态，是个体因周围环境的改变和身心受创而产生的消极体验和异常的心理行为反应。正常情况下，个体都在不断努力保持一种内心的稳定状态，保持自身与环境的平衡和协调，但当个体突然面对生活条件的变化或难以克服的重大问题及危机事件时，这种平衡就会被打破，使个体正常的生活受到影响，内心的紧张、痛苦不断积蓄，个体进而感到无所适从，甚至出现思维和行为紊乱，进入一种失衡状态。这种内心的失衡状态发展到极端形式会出现行为失控及暴力对抗、自杀等严重后果。此外，个体的行为失控具有感染性，往往会激发事件参与人群的情绪共鸣，从而导致群体行为的发生。

通常情况下，确定个体是否有心理危机有以下三项标准：

①存在具有重大影响的危机事件；②引起急性情绪混乱或认

知、躯体和行为等方面的改变，导致当事人的主观痛苦，但尚未达到精神病程度，不符合任何精神疾病的诊断；③当事人自身平常解决问题的方法暂不能应付，或者应付无效导致当事人的认知、情感和行为等方面的功能水平较危机事件发生前降低（张亚林，曹玉萍，2014）。

总体来说，社会安全事件中的心理危机具有以下特点：第一，心理危机发生迅速，持续时间较长，在事件发生后依然存在影响；第二，心理危机的危害性高，容易导致事件参与者产生过多的负面情绪和心理压力；第三，非一致性，主要表现在以下两方面：一方面，在事件发生过程中，不同阶段和时间点的心理危机严重程度不同，另一方面，当事人和卷入人员的心理危机严重程度也不相同；第四，非常规性，心理危机发生时的反应和表现与平常不同。

（二）社会安全事件中的心理危机干预及意义

社会安全事件中的心理危机干预是对处于心理危机状态下的当事人采取明确措施、提供有效帮助和心理支持的一种技术，通过调动当事人自身的潜能来重新建立或恢复到危机前的心理平衡状态，阻止其迫在眉睫的心理危机状态的爆发，重建适应环境的应对技能（武西峰，张玉亮，2013；赵国秋，2008）。其中，心理危机干预的效果表现为，个体可从危机中把握现状，重新认识所经历的危机事件，以及学到更好的策略和手段去应对未来可能遇到的危机。

心理危机干预通常是短期的、以问题为取向的，其目标是尽可能快速且有效地让当事人的危机状况得到改善。心理危机干预之所以有其必要性与可能性，是因为危机的发生存在共性，危机通常都由在相对稳定的生活中发生了紧急突发事件所致，这种突变导致个体的需要不能得到满足，安全感丧失，从而引发了当事人的恐慌、焦虑或无所适从。针对危机事件的易感人群进行心理干预，能够防止人们在经历危机后出现不良心理反应或对出现的反应加以缓解，避免造成其心理痛苦的长期化和复杂化，促进人们的社会适应和心理康复，并提高其社会应急能力。因此，对社会安全事件中的当事人进行及时、有效的心理危机干预，对于帮助个体恢复到危机前的心理平衡状态，控制人群情绪，避免出现难以控制的严重暴力群体性事件，降低威胁社会公共秩序和人民生命财产安全的程度，都具有十分重要的意义。

二、社会安全事件中心理危机干预的准备工作及实施步骤

（一）社会安全事件中心理危机干预的准备工作

1. 了解事件发生的原因及其可能造成的伤害

在群体性事件的应急管理过程中，首先要弄清楚事件发生的原因和背景因素，才能在进行心理危机干预前掌握更多的资料和信息，从而提高心理危机干预的针对性及有效性。通常在这一步的准备工作中，需要做到以下四点：第一，需要了解群体性事件发生的具体原因。通常情况下，群体行为的发生都存在某种诱发因素，例如，医疗事故造成人员伤亡引发的群体性事件，或房屋拆迁补偿争议引发的群体性事件。第二，需要了解群体性事件发生的规模和涉及范围。不同群体性事件的参与人数和发生区域存在差异，大规模的群体性事件参与人员数量多，并在不同的区域爆发，而小规模的群体性事件往往参与人员数量较少，并集中在某一区域进行。第三，需要了解群体性事件可能造成的心理伤害程度。一般情况下，群体性事件的规模越大，人员伤亡越多，财产损失越大，其所造成的心理伤害程度也就越高。第四，需要了解群体性事件中的人群特征、风俗习惯及地理特点等背景因素，以便于与事件参与人员进行有效的沟通，促进心理危机干预的顺利实施。

2. 了解事件中参与人员的心理特点

参与群体性事件的人员通常是多层次、多种类的。根据群体性事件中参与人员各自的特点和作用，可将其分为两大类人员：核心

层人员和其他参与人员。其中，其他参与人员包括附和层人员及围观层人员（曹蓉，张小宁，2013）。在心理危机干预的准备工作中，应该加强对事件中不同参与人员的心理特点的了解，并加以区分和把握。

（1）了解事件中核心层人员的心理特点。核心层人员是指在群体性事件酝酿、发生和发展的过程中起核心作用的人员，也是事件形成过程中首先出现的人员层次。核心层人员从心理上对其他参与人员具有辐射作用，也是激发群众情绪的潜在导火索。因此，在实施心理危机干预前，必须了解核心层人员的主要诉求、心理状况特点以及可能出现的反应倾向。

（2）了解事件中其他参与人员的心理特点。其他参与人员是指群体性事件中除核心层人员外的其他参与者，包括附和层人员和围观层人员，他们的心理特点也相应地区别于核心层人员。其中，附和层人员实际上是核心层人员的追随者，大多与核心层人员有着相同的利益诉求，受核心层人员的影响也较大；而围观层人员大多由抱有好奇心理的围观者构成，他们极易卷入群体性事件中，加剧事态的发展，在客观上起到了助长声势的作用，增加了平息事件的阻力。因此，必须了解群体性事件中其他参与人员的心理特点，这有益于对相关参与者进行针对性的心理危机干预和疏导，从而尽快平息事态、减少事件造成的不良影响。

3. 评估事件参与者的心理危机严重程度以及危险性后果

在心理危机干预中，评估是进行干预的前提条件。干预者只有通过评估才能理解当事人的危机情境及其反应（童辉杰，杨雪龙，2003）。因此，在对事件参与者进行心理危机干预前，首先，需要评估事件参与者流露的情绪、心理伤害的严重程度以及内在资源。对事件参与者现有功能水平的评估，能够帮助危机干预工作者选择以何种策略以及干预程度来开展工作。其次，危机干预工作者还需要比较事件参与者的当前状态与危机前的功能水平，这能帮助确定危机发生后事件参与者认知、情感和行为功能水平的损害程度。最后，还需要评估事件参与者心理危机可能造成的危险性后果，包括对事件参与者自伤和伤人可能性的评估。

不过，需要注意的是，评估的重要性不仅体现在心理危机干预的准备工作中，更贯穿于整个干预过程，干预者需要对当事人的危机严重程度进行动态的评估，从而确定当事人的心理状态以及相应的应付策略。此外，与其他心理咨询治疗不同的是，其他的心理治疗可以在相对长的时间内通过各种方式获得对当事人的深入了解，但心理危机干预过程要求干预者在相当有限的时间内，迅速准确地理解当事人所处的情境和产生的反应，因此也对干预者提出了很高的要求。

（二）社会安全事件中心理危机干预的实施步骤

社会安全事件中的心理危机干预可采取下述六个步骤：

步骤一：确定问题

这一步是要从事件参与者的角度明确并理解其所面临的心理危机问题。危机干预者不应该在问题不确定的情况下就开始实施干预。即使时间紧迫，干预者还是要使用积极的倾听技术，沉下心来倾听、共情，并以尊重、接纳以及真诚的态度来把握事件参与者的危机核心问题，为下一步的干预明确方向。

步骤二：保证事件参与者的安全

在危机干预过程中，危机干预者要将保证事件参与者安全作为首要目标。保证安全就是把事件参与者对自己和他人的生理和心理危险性降到最低。在整个危机评估和倾听过程中，危机干预者都要对事件参与者的安全问题予以足够的关注，必要时应告知事件参与者，可以用更好的行动方式来替代当前表现出的具有冲动性的和自我毁灭性的行为。

步骤三：提供支持

这一步强调与事件参与者进行沟通和交流，积极、无条件地接纳事件参与者，使其意识到危机干预者是可靠的、可信任的支持人员。危机干预者应通过措辞、身体语言及语调等向事件参与者证明，自己秉持着关心、无偏见的积极态度，正在帮助其解决问题、渡过危机。

步骤四：提出并验证变通的应对方式

在危机状态下，事件参与者大多处于思维不灵活和情绪失控的状态，不能对危机中的最佳选择进行合理的判断。因此，这一步侧重于帮助事件参与者发现被其忽略的其他适当的解决问题的方法或途径，使其认识到非理性方式并不是摆脱危机和困局的有效途径，采取交流、协商等理性方式才有助于问题的解决。

步骤五：制定计划

帮助事件参与者制定出一个具体的、切实可行的应急计划，按照具体的步骤逐渐降低事件参与者的情绪强度，并最终克服其情绪失衡状态。但在制定计划时，要充分考虑到事件参与者的自主性和自控能力，让其感觉到这是他自己思考和决定的结果。因为处于危机中的个体的一个重要的特征就是无价值感和失控感，而赋予事件参与者掌控应对危机过程的权利，有利于其恢复自制能力，不依赖危机干预者，并获得成长和自尊。

步骤六：得到承诺

帮助事件参与者回顾制定的计划和行动方案，并通过其观念的转变从事件参与者那里获得诚实、直接和适当的承诺，如遇到危机时不再采取非理性的解决方式，以便事件参与者能够坚持实施为其制定的危机干预方案。一般情况下，如果第五步完成得比较好，这一步也会相对顺利地得到事件参与者的承诺。

三、社会安全事件中心理危机干预采用的技术手段

社会安全事件中的心理危机干预主要采用以下三种技术：沟通技术、分享与心理支持技术以及减压与情绪宣泄技术（武西峰，张玉亮，2013）。危机干预工作者可结合事件参与者的实际情况和自

身专长选择合适的心理危机干预技术。

（一）沟通技术

危机干预技术应用首先要借助沟通技术建立良好关系，若不能与当事人建立良好的沟通和协作关系，则会给干预技术的执行和贯彻带来阻碍，从而难以达到干预的最佳效果。

大量研究表明，群际不良的互动模式是造成群体行为爆发的导火索（弯美娜 等，2011）。例如，斯托特等人（Stott et al., 2007, 2008）对相邻两次欧洲杯比赛中球迷行为进行的分析显示，警方与球迷之间的互动方式是影响骚乱是否发生的关键因素。当警方将所有英格兰球迷视为暴徒并采用相对高压的方式来对待他们时，英格兰球迷会做出大规模的骚乱行为来回应警方；而当警方平等看待英格兰球迷与其他国家球迷时，英格兰球迷会做出更加克制和理性的行为作为回报。因此，在对群体性事件参与者进行心理干预时，可借助沟通技术改善事件中冲突双方的互动方式，帮助冲突双方建立和保持良好的沟通及信任，降低事件参与者的抵触、绝望等不良情绪，使其恢复理性、保持心理稳定。

使用沟通技术时，危机干预人员应注意以下几点：首先，在与事件参与者沟通的过程中，应尽可能避免使用压制性和对抗性的语言；其次，从普通群众的角度出发，多运用通俗易懂的语言进行交流；最后，在交谈过程中，应尽可能避免给予事件参与者不能实现的无原则保证，要在有效沟通的基础上引导事件参与者进行自我反省。

（二）分享与心理支持技术

分享与心理支持技术是一种预先设置的以讨论为主要形式、以实现共情为目标的干预方法。运用这种方法，危机干预者通过分享与事件参与者达成共情，帮助事件参与者深入回顾、理解自身的有关经历，从而影响事件参与者对不同危机的应激反应以及对可运用的应付策略的理解。

该技术的具体实施包括以下五个部分：解释、鼓励、保证、指导及促进环境的改善。在使用分享与心理支持技术时，危机干预人员应注意以下几点：首先，应以同情的心态听取和理解事件参与者的处境；其次，给予事件参与者适当的支持和鼓励，帮助其摆脱负面情绪，使其正确理解并勇敢面对现实中的危机；最后，对于因不熟悉相关政策而产生对抗行为的事件参与者，应该及时解释说明相关政策的内容及规定，避免事件参与者的情绪激化和矛盾升级。

（三）减压与情绪宣泄技术

减压与情绪宣泄技术是缓解和降低当事人压抑情绪的一种干预方法。当群体性事件进入发展激化阶段、发生紧张对抗甚至爆发冲突时，并不意味着危机干预人员工作的结束和失败，在这一阶段也有许多危机干预的有效时机。危机干预人员可结合保护性对抗措施，采用个体或小组的形式，鼓励事件参与者在彼此支持的良好氛围中尽情讨论相关事件以及释放内心的情绪，逐渐缓解事件参与者的紧张、焦虑等压抑情绪。通过减压与情绪宣泄技术，能够帮助事件参与者重新认识和理解危机发展的诱因和过程，以及事件失控带来的严重不利后果，并帮助其建立新的人际关系网络，从而促使事件参与者积极面对现实。

参考文献

曹蓉，张小宁．（2013）．应急管理中的心理危机干预．北京：北京大学出版社．

董嘉明．（2008）．群体性事件社会心理机制探析及对策建议．决策咨询通讯，6：28-31.

冯毅．（2010）．社会安全突发事件概念的界定．法制与社会，25：279-280.

郭强．（2016）．论新形势下的社会安全．学习与探索，12：53-58.

井世洁，杨宜音．（2013）．转型期社会信任感的阶层与区域特征．社会科学（6）：77-85.

廉思．（2012）．我国高校青年教师社会不公平感研究．中国青年研究（9）：18-23，100.

廉思，张琳娜．（2011）．转型期"蚁族"社会不公平感研究．中国青年研究，184（6）：15-20.

凌巍．（2019）．社会转型期公众社会焦虑影响机制及缓解对策研究．改革与开放，520（19）：57-61.

童辉杰，杨雪龙．（2003）．关于严重突发事件危机干预的研究评述．心理科学进展，11（4）：382-386.

弯美娜，刘力，邱佳等．（2011）．集群行为：界定、心理机制与行为测量．心理科学进展，19（5）：723-730.

武西峰，张玉亮．（2013）．社会安全事件应急管理概论．北京：清华大学出版社.

熊青．（2014）．社会不公平感与情绪状况．中国健康心理学杂志，22（5）：695-697.

于建嵘．（2009）．当前我国群体性事件的主要类型及其基本特征．中国政法大学学报，6：114-120.

袁爱清，孙强．（2017）．媒介视野中的社会焦虑及疏导研究．新闻界（8）：75-80.

张亚林，曹玉萍．（2014）．心理咨询与心理治疗技术操作规范．北京：科学出版社.

赵国秋．（2008）．心理危机干预技术．中国全科医学，1：45-47.

周定平．（2008）．关于社会安全事件认定的几点思考．中国人民公安大学学报（社会科学版），5：121-124.

朱晨，岳园园．（2017）．工作让人们更信任社会——就业质量视角下的社会信任感研究. 云南财经大学学报，33（5）：107–117.

Drury, J., & Reicher, S. (2000). Collective action and psychological change: The emergence of new social identities. British Journal of Social Psychology, 39: 579–604.

Lodewijkx, H. F. M., Kersten, G. L. E., & Van Zomeren, M. (2008). Dual pathways to engage in "Silent Marches" against violence: Moral outrage, moral cleansing and modes of identification. Journal of Community & Applied Social Psychology, 18(3): 153–167.

Mummendey, A., Kessler, T., Klink, A., & Mielke, R. (1999). Strategies to cope with negative social identity: Predictions by social identity theory and relative deprivation theory. Journal of Personality and Social Psychology, 76: 229–245.

Stott, C., Adang, O., Livingstone, A., & Schreiber, M. (2007). Variability in the collective behaviour of England fans at Euro 2004: "Hooliganism", public order policing and social change. European Journal of Social Psychology, 37(1): 75–100.

Stott, C., Adang, O., Livingstone, A., & Schreiber, M. (2008). Tackling football hooliganism—A quantitative study of public order, policing and crowd psychology. Psychology Public Policy and Law, 14(2): 115–141.

第八章
科技安全与信息安全应急管理心理学

　　国家安全指一个国家或国家集团在政治、经济、社会和军事等方面的安全保障，包括维护国家权益、防止外部威胁、维护社会稳定、防范内部危险等方面。国家安全是一个国家最基本的利益和根本利益，也是国家政治体系的核心要素之一。具体来说，国家的外部安全是指国家在国际社会中的安全保障。这包括维护与其他国家的友好关系、避免与其他国家发生冲突、应对外部威胁、保卫国家主权等方面。外部安全的具体内容包括防卫外敌入侵、反恐、打击国际犯罪、维护海洋权益、维护地区安全稳定等。外部安全问题需要通过外交、军事、情报等手段来加以解决。然而，在如今信息网络化和经济全球化的背景下，经济和信息在不同的国家之间互相渗透，这也使得各个国家之间的利益处于相互制衡的状态。2014年4月15日上午，习近平总书记主持召开中央国家安全委员会第一次会议时提出，坚持总体国家安全观，走出一条中国特色国家安全道路，首次提出总体国家安全观，其中科技安全是国家安全的重要组成部分，是支撑和保障其他领域安全的力量源泉和逻辑起点，是塑造中国特色国家安全的物质技术基础。科学技术是第一生产力，是国际竞争力的基础性和关键性因素。只有依靠科学技术，才能实现我国经济向工业经济、知识经济的转变，才能确保经济安全。俞晓秋（2014）认为目前网络空间已成为人类生存和发展的新型空间，因此网络空间中的信息安全也是国家安全和全球安全的重要基石，如果信息安全这一基石不稳固或不安全，一定会破坏国家的安全与世界的安宁。

目前国家安全正在深刻影响和主导各国网络空间的发展、管理（俞晓秋，2014），反过来信息安全对国家安全的影响也正在逐步增强。因此本章首先探究科技安全和信息安全对国家安全的影响，然后根据不同性质的科技安全和信息安全事件来说明心理学在这些应急管理事件中的作用。作为引领新一轮科技革命和产业变革的战略性技术，人工智能正成为世界各主要国家的重要研究领域。随着人工智能时代的到来，各行各业都在结合自身业务需要部署人工智能系统。然而，人工智能基础设施、设计研发以及融合应用过程中面临的安全、伦理以及社会态度问题也随之而来。为充分规避这些问题，世界各国纷纷采取不同措施对人工智能进行治理。

第一节　科技安全与信息安全概述

一、科技安全概述

（一）科技安全的定义

随着科技的不断进步和数字化的快速发展，科技安全日益成为重要的社会问题。科技安全是指通过对信息、网络、数据等方面的保护，维护社会的安全和稳定，保障个人、企业以及国家的信息和系统的安全。具体包括网络安全、数据安全、知识产权安全、技术安全等方面。网络安全是指保护网络系统、网络设备、网络应用、网络信息等资源安全的组合形式。随着计算机网络的不断发展，网络安全问题也随之增加，如黑客攻击、病毒传播、网络诈骗、网络钓鱼等。这些问题会对网络的稳定和安全造成严重的威胁，更加增强了保障网络安全的必要性。数据安全是指保护数据免遭破坏、泄露、篡改等危害的一系列安全技术和措施。在数据时代，数据是企业和个人最重要的资产，安全可靠的数据处理是企业和个人进行业务活动的必要保障。数据安全主要包括数据存储安全、数据传输安全、备份恢复安全等方面，确保数据安全也是保障隐私安全和知识产权安全的关键技术。知识产权安全是指保护知识产权所有者的创造性成果和独特的品牌形象不被侵犯和剽窃的一系列措施。知识产权的保护不仅涉及个体和企业，也涉及国家整体的利益和发展。任何对知识产权的侵害都将造成重大的经济损失和社会影响，因此对知识产权安全的保护显得尤为重要。技术的发展有时会带来一些安全问题，例如衍生出高新技术武器、技术窃听、技术泄露、技术黑客攻击、技术事故等。这些安全问题的出现，对国家、社会和个人都造成了极大的威胁和损害，需要采取有针对性的措施来规范和改进。技术安全是指针对技术腐败和技术对国家、社会和个人的潜在危险，通过技术手段提高安全性和规范性的一系列措施。在当今数字化、信息化的社会，保障科技安全已经成为维护国家安全和社会稳定的重要途径和手段。因此，加强科技安全建设，采取有效的技术和措施，防范各种威胁，确保个人、企业、机构和国家重要信息的安全和稳定，成为重要的任务之一。

通常情况下科技安全是一种动态过程，在全球化背景下各个国家都会在科学技术领域进行控制与反控制和渗透与反渗透的较量。因此，科技安全是国家安全的重要内容，没有科技安全，则必然谈不上国家安全。科技安全的最终目的是保证国家利益不受侵犯，在复杂的国家关系中本国的利益不受损害是其具体体现，而国家的科技实力也是科技安全的基础保障。

（二）科技安全对国家安全的影响

科技安全是现代社会中至关重要的话题，因为数字化和信息化变革深刻地改变了我们生活和工作的方方面面。随着科技的进步和数字化的发展，科技安全问题已经成了整个国家安全的重要组成部分。纵观历史，我们可以看到科技强则国强，各个国家的科技实力通常代表着国家的综合实力。到目前为止，近现代共发生过三次大规模的推动社会进步的科技工业革命，这些工业革命先后使英国和美国等国家一跃成为世界上的头号强国。目前来说，世界上的发达国家也牢牢占据着当前社会最顶尖的科学与技术资源。因此，深入研究科技安全对国家安全的影响是非常有必要的。

首先，科技安全对国家安全的影响表现在信息安全和网络安全上。如今，信息已经成为一种宝贵的资源，而互联网已经成为信息交流和沟通的主要媒介。因此，国外敌对分子和恐怖组织等外部势力也试图通过网络途径获取重要的机密信息和获得重要的技术，对国家安全构成了严重威胁。网络极权主义和其他网络违法犯罪对国家造成的损失，将不仅仅体现在经济损失上，还会影响国家的政治稳定和社会治安。科技安全对国家安全的影响表现在军事领域上。新型战争越来越多地采用现代计算机和网络系统，通过攻击对手的信息系统，威胁和破坏对手的整个信息安全环节，造成机密信息泄露、战场网络系统崩溃等。此外，科技领域的进步已经使更加隐秘的技术武器的制造成为可能。这意味着国防安全面临着更多的威胁和更高的保护难度，并且为国家安全带来了更多的保护问题。

其次，科技安全对国家安全的影响表现在经济方面。如今，全球经济已经离不开互联网和高科技行业的参与。随着新技术和新产品的竞争越来越激烈，更多的国家和企业投入对计算机软件、半导体芯片制作、通信设备制作等高科技领域的研发中。因此，对科技成果的窃取，不仅给个人和公司造成经济损失，也会影响国家的整体经济发展，甚至导致国民财富的大量流失。

再者，科技安全对国家安全的影响表现在政治方面。全球各国已经开始把网络和高科技安全纳入国家安全的战略考虑范畴，制定相关法律和管理规定，而网络和高科技安全对国家安全的威胁也日益增加。例如，高度互联的现代科技和互联网已成为许多国家的情报机构进行数据收集和网络攻击的主要途径。因此，在国家安全战略中加强网络和高科技的安全保障是必要的。

最后，坚持合法的科技安全也会对国家产生积极的影响。科技安全和网络安全的进步，通过不断发展和创新，可以保证信息的可靠性和安全传输，防范黑客攻击和病毒入侵等威胁。因此，各国政府和科技公司需要想出新的方法和措施，保护知识产权和技术专利，提高在信息和技术领域的国际竞争力，进而加强国家的经济实力，提升国际政治地位和影响力。

我国的科技实力在改革开放后特别是党的十八大以来明显增强，这源于国家政策法规制度环境的不断优化以及对科技研发的资金投入规模的提高，这些举措使得我国的科研基础条件大为改善。然而，国家的相关部门统计数据表明，我国仍有一些科学技术与世界上的一流水平存在相当大的差距，与创新型国家之间还有一定差距。基于此，国家层面需要继续鼓励和引导研究人员进行科技创新和自主创新，加速提升国家科技创新体系整体水平与战略能力（张斌 等，2019）。

二、信息安全概述

（一）信息安全的定义

在21世纪，信息安全已经成为世界各国安全领域主要的研究对象。信息安全是指安全地保护计算机或网络中的数据、通信信息、系统等资源的完整性、可用性和保密性，以保护这些信息资源不受未经授权的访问、使用、修改、检索、破坏、复制、伪造及泄露的威胁。随着数字化和信息化的迅猛发展，信息安全已成为现代社会中至关重要的话题。

在当今的数字化时代中，保护数据和通信更为重要。数字技术的广泛使用使信息资产的价值受到了更多人的认识和重视。存储在计算机系统中的信息不仅是个人和企业的财富，也是国家安全和政府机构的重要资源，这些资产在现代社会中起着至关重要的作用。

信息泄露会引起各种问题，例如知识产权的盗窃、商业监视、情报谋杀、网络攻击、恐怖主义、金融欺诈等等。这些问题都会对个人、社会及国家的安全和发展造成巨大的危害。信息安全的目标是确保信息资源的完整性、可用性和保密性。信息安全的整体目标是通过实现这三个目标来保护信息资产。完整性是指信息的准确性和完整性，即控制访问、防止损坏和篡改，并对数据进行恰当的备份。可用性是指信息的可用性，确保它们在需要的时间可被使用，并保护它们不受不必要的中断、停机、故障或攻击的干扰。保密性是指信息的机密性，保护机密信息不被未经授权的使用、访问、泄露和传播，特别是敏感信息如信用卡数据、政治情报和各种秘密信息。信息安全应用于多个领域，如政府、商业公司、信用机构、医疗保健、能源、交通运输等。政府机构通常涉及秘密和敏感的信息，例如情报、军事、政治和法律信息，需要采取相应的安全措施以保护它们不被泄露或黑客攻击。商业公司也面临各种信息安全问题，如身份盗窃、欺诈、电子邮件欺诈、黑客攻击和垃圾邮件等。信用机构需要对客户的个人信息、财务信息、信用卡信息等进行保密。医疗保健机构也需要保护病人记录、诊疗历史、处方药品等敏感信息。能源部门和交通运输领域面临的信息安全问题涉及控制系统、交通量运作和安全。

综上所述，信息安全是现代社会数字化时代带来的巨大挑战，信息安全的建立必须充分注意到数据保护和安全存储，促进实现国家安全、公司和个人信息安全、知识产权保护等目标。对于不同领域的参与者，确定最佳的信息安全策略和方案，不断进行风险评估和应对，是确保信息安全的必要条件。只有保障信息安全，才能保护国家利益、企业利益和个人隐私，增强社会安全稳定，实现可持续发展。

（二）信息安全对国家安全的影响

信息安全是构建总体国家安全体系的重要内容之一。20世纪50

年代，第一台电子计算机在美国诞生，当代信息技术革命的新浪潮由此便开始了。20世纪60年代，美国高级研究计划署（Advanced Research Project Agency，ARPA）在美国首次联网成功，标志着计算机联网的诞生。1991年万维网面向世界开放，不同国家间的互联网迅速发展，形成了一个全球化的互联互通的信息网络。随着信息技术的迅猛发展和广泛应用，经济、科技以及军事等领域与之结合地也越来越紧密，这使传统的国家安全领域延伸到一个更为广泛的虚拟空间。因此，信息安全成为贯穿国家安全各个领域的关键要素，进而完全改写了传统意义上的国家安全。

信息安全与国家安全的关系有如下几点：

信息安全作为基础性安全领域中的重要构成因素之一，往往受到国家层面的高度关注。对于一个国家来说，国防安全是其安全利益的重要部分，其中军事情报的安全就显得格外重要。保障军事情报的安全涉及宏观决策战略的制定、实施，同时也牵涉到军事交流活动的组织和培训等各方面的工作。国防部门为了保证军事安全，必须对敏感信息进行保密工作，并采用各种防范措施，以避免机密文件和设施受到未经授权的访问、破坏等。

信息安全是国家经济安全的重要前提。信息安全的成败对于国家经济和金融稳定有重大影响。当下，网络已成为企业开展业务、交换信息、分享资源和实现业务创新的重要桥梁。信息安全的失陷可能直接或间接导致企业信誉受损、商业竞争力下降、经济损失增加等后果。因此，如国防安全一样，信息保护在经济安全层面也显得极为重要。

信息安全是国家文化安全的关键。信息安全不仅能促进文化产业的健康发展，也能为人民群众提供正确的文化引导与个人保护，传承优秀文化。然而，文化霸权主义会严重危害他国文化安全，使本民族传统文化的继承和发扬受到挑战，本国的社会意识形态遭受到严重威胁。对于人民群众来说，其道德规范与价值观念也会受到不同程度的冲击。

信息安全是国家军事安全的重要保障。当今时代，国家军事安全不仅体现在军事战场上，也体现在无形的虚拟网络空间上。由于网络的隐匿性和虚拟性，网络战争比传统的军事战争更为复杂多样。"信息威慑"对国家军事安全的影响不容半点忽视，沈昌祥（2009）认为网络信息战将成为21世纪典型的战争形态，具体表现在黑客对他国网络系统的攻击以及军事机密的泄露等方面。

信息安全是国家社会安定的重要基础。例如，网络诈骗、个人身份盗窃、金融欺诈等犯罪行为不仅损害受害者个人利益，而且危及社会安全稳定。大量的信息泄露甚至可能引起恐慌，触及国家治理安全的底线。为此，必须对信息安全进行系统化、全面化管理，对各种风险进行及时预警、监控和应对。

现代社会信息技术的发展与国家的政治、军事、经济和文化重叠交织，网络空间和现实社会深度交融。信息安全的重要性已经得到国际社会密切关注，各国政府和机构正采取措施为其信息安全提供更好的保障，并加强国际合作以应对跨国信息安全问题。例如，联合国已经针对网络安全和信息安全发布了多项决议和倡议，并多次呼吁各国共同应对网络犯罪威胁，构建网络领域的基本秩序，促进建立和平、安全、稳定和可持续的国际网络环境。

三、人工智能安全概述

当前，人工智能安全风险突出且分散，迫切需要对人工智能存在的安全风险进行总结与归纳。为解决上述问题，下文拟对人工智能安全的政策法规、安全问题类别以及安全问题对策进行详细阐述，以期为提升人工智能安全防护能力提供有益思考与借鉴。

（一）相关政策法规

2019年4月，欧盟委员会发布了《可信人工智能伦理准则》与《建立以人为本的可信人工智能》两个政策文件，明确提出七条关键伦理要求。欧盟结合自身的价值观，将人权的观念融入准则中，提出了实现可信人工智能的三大要素：①人工智能应遵守相关法律法规；②人工智能应符合相应伦理准则与价值观要求；③人工智能应在技术与社会层面具有稳健性。三大要素明确了发展的总体目标与要求，是人工智能发展的充分必要条件，为人工智能伦理准则的核心框架的形成奠定了基础。同时，欧盟还出台了一系列人工智能的指导方式，以规范人工智能的发展，保护数据与隐私安全，维护欧盟内部数据的自由流动，从而促进建立单一的欧盟数据市场；它还将助力规范欧盟整个人工智能产业的发展，维护欧盟自身产品安全和高质的产品声誉，并确保欧盟经济的核心竞争力。它们对于欧盟把握发展机遇、适应发展新态势、应对发展新挑战至关重要。欧盟为此所做的努力对中国人工智能产业的发展也产生了重大影响，具有重要的启示意义。

关于人工智能的发展，我国也出台了相应政策。2017年7月，国务院印发的《新一代人工智能发展规划》（后文简称规划），提出了面向2030年我国新一代人工智能发展的指导思想、战略目标、重点任务以及保障措施。明确提出建立新一代人工智能关键共性技术体系，重点突破自主无人系统计算架构、复杂动态场景感知与理解、实施精准定位、面向复杂环境的适应性智能导航等共性技术。规划也多次提到"人机交互"，在研发部署中提到"要以算法为核心，以数据和硬件为基础，以提升感知识别、知识计算、认知推理、运动执行、人机交互能力为重点"；在培育高端高效的智能经济时，提到"加快培育具有重大引领带动作用的人工智能产业，促进人工智能领域与各产业领域深度融合，形成数据驱动、人机协同、跨界融合、共创分享的智能经济形态"。规划还提出，"在大力发展人工智能的同时，必须高度重视可能带来的安全风险挑战，加强前瞻预防与约束引导，最大限度降低风险，确保人工智能安全、可靠、可控发展"。

2020年12月，中国信息通信研究院安全研究所发布了《人工智能安全框架（2020年）》蓝皮书，人工智能安全框架是构建人工智能安全体系的重要指南，旨在为人工智能相关产业循序渐进提升安全能力、部署安全技术措施提供指导。随着全球人工智能规模化建设和应用加速，人工智能基础设施、设计研发以及融合应用面临的安全风险日益凸显。该蓝皮书聚焦当前人工智能突出的安全风险，提出涵盖人工智能安全目标、人工智能安全分级能力，以及人工智能安全技术和管理体系的人工智能安全框架，期待为提升人工智能安全防护能力提供有益思考。

（二）安全问题类别

人工智能应用应优先解决安全可信问题，对安全性要求极高并且有特殊法规要求的科技领域，在引入人工智能技术时需要经过严谨和高成本的试验验证。当前随着互联网日新月异的发展，迫切需要及时更新人工智能的安全理念，建立人工智能在各个行业领域的安全长效机制。

人工智能安全是伴随人工智能的产生和应用而出现的，人工智能尚处于以数据智能为主的初级发展阶段，理论基础尚不完善，技术也尚不成熟，从而带来了诸多的安全风险。人工智能安全风险分为以下几类：数据风险、算法风险、网络风险和其他风险。从人工智能产业层次来看，人工智能分为基础能力层、感知与技术层、领域应用分能层。基础能力层包含算力、算法和数据，感知与技术层主要分为感知类技术和认知类技术，领域应用分能层主要为人工智能技术落地在智能化场景实现人工智能赋能。举例来说，航空领域的人工智能技术所面临的安全问题类别与一般应用领域相同，可以分为以下几个方面：从软件及硬件方面来看，应用、模型、平台和芯片的编码均可能存在漏洞或后门，一旦攻击者发现，则可利用这些漏洞或后门实施高级攻击。从算法模型来看，攻击者也可通过在模型中植入后门并实施高级攻击，并且部分模型的不可解释性也使得模型中植入的后门更加难以检测。从模型参数层面来看，攻击者通过多次查询可以构建出相似的模型，进而获得模型的相关信息，训练出对抗样本用以攻击原模型。从数据安全方面来看，攻击者如果在训练阶段掺入恶意数据，则会影响模型推理能力。在用户提供训练数据的场景下，攻击者可能通过反复查询训练好的模型获得用户的隐私信息，进而发生敏感数据泄露的问题。以上问题既包含基础层问题，也包含技术层问题，但大多数问题是在应用层暴露出来的（宁庭勇 等，2021）。

人是人机交互的第一要素。研究发现，即使是全面自主智能制造也需要人的参与，并且这种参与突破了传统人机交互在物理空间上的限制，会渗透到虚拟空间和社会空间。人机安全交互问题可以分为交互前危险预警和交互后安全保障。人机交互技术主要分为物理人机交互和自然人机交互。在交互安全问题上，物理人机交互强调人机物理接触，着重引导触觉感知安全；而自然人机交互主要包含以视觉图像处理、语音识别等感官认知为特点的认知交互，引导识别系统算法可靠性安全问题。以航空领域为例，人为因素是造成航空安全问题的主要原因之一，研究发现，压力、疲劳、沟通失误以及关键人员缺乏技术知识是航空安全事故的主要发生原因。近年来，利用大数据进行事故分析预测，提高安全管理的有效性是学者们关注的重点。智能预测系统，能够评估人类的状态和管理风险，以识别和预防人为因素导致的安全事故，但该系统开发的一个缺点是缺乏大量有用的标记数据。因此，有研究者基于特征提取，开发了一个文本预处理和自然语言处理通道开始对航空事故报告中的人为因素进行识别和分类，结果表明基于文本数据的人因分类方法对事故分析具有良好的预测性能（Madeira et al.，2021）。

人机交互系统是一个复杂庞大的系统，需要人和系统的紧密配合。在管理过程中会产生大量的数据，单单依靠传统的物理建模方法已不能应对系统运行的需求，人工智能善于从数据中自学习和对源域的迁移学习，为突破传统方法的技术瓶颈提供了有效的解决方法。然而，在实际应用中仍然存在一定的安全风险，它并不能保证百分之百的稳定，可能会出现识别偏差、编译不准确等问题，甚至可能会发生低级错误，从而导致系统的安全性不能得到保证，因此人工智能技术计算的稳定性是人工智能应用于空管系统时亟待解决的难题之一。

人工智能作为一项高赋能技术，不仅为产业发展提供了新的机遇，也带来了一些安全问题。由于现代人工智能技术的不成熟及其缺点，在进行深度学习或机器识别时，可能会出现意想不到的错误。黑客对人工智能系统的攻击，特别是运用对抗神经网络，可能使人工智能系统出现错误。此外，由于人工智能的发展离不开数据的支持，黑客可能会通过深度学习，研发出一些反社会、反人类的言语交互系统，渗透到城市的大脑中，导致数据泄露，严重威胁社会稳定与国家安全。

（三）安全问题对策

人工智能安全问题从源头上看是由人工智能技术本身造成的。科学技术研究不能没有禁区，人们需要理性地发展人工智能。任何技术都有不确定性，人工智能的科学家与工程师是人工智能技术的研发者，是化解安全问题的主体，可以从"消极责任"和"积极责任"两个方面强化人工智能专家的专业责任。积极责任主要强调人工智能专家应该做什么，如何通过技术手段来保证人工智能的安全；消极责任则关注人工智能出现负面影响或严重后果时，应该由谁来承担相应责任。基于此可以看出，解决人工智能安全问题的首要因素并不是人工智能技术本身，而在于人工智能专家的责任心。"负责任创新"概念为科学家更好地承担社会责任与服务公众提供了理论依据与实验思路。负责任创新是指在认可创新行为主体认知不足的前提下，在预测特定创新活动可能导致负向结果的范围内，通过更多成员的参与和响应性制度的建立，将创新引导至社会满意与道德伦理可接受结果导向，以实现最大限度的公共价值输出。负责任创新主要包括三个维度：①避免伤害的责任，是指应该控制潜在的有害后果；②行善的责任，是指改善生活条件，如按照可持续发生的目标，呼吁人工智能促进社会繁荣或通过促进人类价值观来服务人类；③治理责任是指创建和支持能够促进前两种责任的全球治理结构的责任。由于关注公共价值，负责任创新的精神不仅需要"重视包容性参与"，更具体地说，需要"包容性反思和协商民主的实质性过程"。为实现人工智能领域的负责任创新，可从以下三个方面入手：①考察人工智能设计过程中的社会语境与决策意义；②反思关于理论研究与应用研究的权衡问题；③与公众及时互动，了解其对于人工智能的看法，及时反馈他们应该了解的信息。负责任创新主要强调科学家的责任，但是解决人工智能的安全问题更需要全社会的共同努力。

随着人工智能技术的发展，安全管理在人工智能研发和产品使用过程中的重要性越来越突出。安全评价主要是将尚未发生但可能发生的事件的发生概率具体化为一个数量指标，计算事件的发生概率，划分危险等级，制定安全标准和对策方案，并进行综合比较和评估，以选择最佳的事故预防方案。在工程技术中，安全评估是预防事故发生的有效措施，也是安全生产管理的重要组成部分，因此在人工智能系统中引入安全评估是高效合理的举措。并且专业人士的安全评估，也可以缓解甚至消除公众的质疑和忧虑。从安全管理角度来看，危险动态管理对于提高人工智能系统的安全性具有现实意义，静态的软件设计和危险的动态管理两方面是互补的，即使是最有效的管理程序也无法确保人工智能系统在复杂环境中的可靠性与安全性，因此人工智能系统在运作的过程中必须具备在运行过程中监控危险的能力，在发生危险时，可以及时地进行处理。

第二节　科技发展的伦理问题及对策

一、科技发展的伦理问题

目前，世界上很多国家和地区都已经将人工智能的发展提升到国家战略的高度。从谷歌的阿尔法狗到美国的人工智能研究公司OpenAI研发的人工智能聊天机器人程序（ChatGPT），这标志着人工智能正从感知智能逐渐向认知智能过渡。当今世界美国是人工智能发展最为快速和最先进的国家，美国的科技巨头如谷歌、亚马逊、微软、美国公司Meta和OpenAI都已经在通用人工智能上进行了大规模的投资。在国内，中国的科技公司和科研机构也正加速对人工智能领域的布局，例如以百度为代表的科技公司开发的人工智能产品"文心一言"，以中国科学院自动化研究所为代表的科研机构开发的"紫东太初"等，都反映了我国在人工智能领域处于国际领先水平。人工智能的飞速发展引起了世界各国的广泛关注，在不久的将来，人工智能产品将快速地渗透到社会发展的各个方向。人工智能的发展能够显著提高社会上某些行业的工作效率，短时间内为社会创造大量的财富；然而随着科学技术的迅速发展，人工智能也会对个体造成不同程度的影响，还会带来一系列社会问题。

人工智能的伦理研究，对于人们加深对人、生命、智能等哲学概念的理解认识具有重要意义。对于公众来说，人工智能的伦理研究有助于建构起人类与智能产品互动的道德观念与规范，从而实现在生活、工作中，人与人工智能的和谐相处。对于研发人员而言，人工智能的伦理研究可以为技术研发提供伦理依据与理论支撑，同时也有助于加强科技人员的道德责任感，培养科技人员的道德想象力与实践能力。对于管理人员来说，人工智能的伦理研究成果可以为相关产业政策的制定提供理论思考。人工智能伦理研究的实质，就是为了更好地处理人、人工智能与社会之间的关系，使人与人工智能和谐相处。人工智能伦理研究的基本目的之一就是使人工智能拥有伦理判断与行为能力，使人工智能的行为对人类更为有利，其最基本的手段就是对人工智能进行伦理设计。

（一）人工智能对个体心理和社会发展的影响

1. 人工智能对个体心理的影响

人工智能影响人们的生活幸福感。当前，人工智能系统在某些能力方面已经显著超越人类，例如记忆、逻辑思维、推理、快速计算等。未来人工智能的普及可能会极大地削弱人在社会中的主体地位。有研究表明，在人工智能系统广泛普及之后，可能会首先淘汰一些需要进行重复劳动的工作岗位，这些岗位不仅仅包括体力劳动。因此在未来不同工作岗位的生产活动中，为了避免人因失误，可能会慢慢减少对人类职员的聘用。根据美国国家科学技术委员会（National Science and Technology Council）预测，在未来的 20 年间，百分之九十以上的工作岗位可能会受到人工智能系统的威胁。这种技术发展所导致的失业，从本质上讲是一种结构性失业。未来短时间内有可能导致大量的失业人口，这将严重降低人民群众的生活幸福感。

人工智能影响人们的认知发展。人工智能系统具有在繁杂的信息中快速有效地收集、分析、推理和做出最优决策的能力。假如人们过分依赖人工智能系统，可能会慢慢失去自己分析问题做出决策的能力。除此之外，人工智能系统的训练方式是对信息进行深度学习，然而若该系统的学习材料出现问题，那么人工智能系统的决策也会存在偏差和局限性。例如，目前手机里不同的应用都是根据个人的偏好来进行内容推送的。因此，如果人们长期依赖人工智能系统，有可能会失去对人工智能系统错误决策的觉知，进而导致人们的决策能力进一步下降。

人工智能弱化人类社交。人工智能技术扩大了虚拟社交的范围（石琳娜，2023）。目前，网络社交平台种类繁多，网络社交能够打破时间和空间的限制，让世界上不同国家和不同种族的人群同时分享和交流自己感兴趣的信息。网络社交平台能够让不同族群的个体快速获得自己喜欢的内容，并找到与自己兴趣点一致的群体。基于此，通过对不同群体进行专业的用户画像而设计出的虚拟人物能够充分满足不同个体的需求，通常情况下这些虚拟人物比真实的人类更加了解个体的想法，因此会极大地降低人们在现实生活中的交往需要。另外，由人工智能系统设计的虚拟人物很有可能分散个体维护真实世界中亲密关系的精力，进一步弱化个体的社交活动。

2. 人工智能对社会发展的影响

人工智能对社会发展具有重要影响，其正面影响是多方面的。人工智能推动了社会生产力的提升，改变了人们的生活方式，促进了科研创新，并为全球性问题提供了解决方案。例如在生产线上，人工智能机器人可以替代人类完成高强度、高重复性的工作，不仅提高了生产力和效率，还简化了人类任务、促进了新业态和新模式的发展(Institute，2017；Brynjolfsson，2011)；在农业领域，人工智能技术可以实现精准种植、智能灌溉等，提高农作物的产量和质量，从大规模数据中提取出特定的模式，从而预测和改善产品品质；在远程医疗、在线教育等新型服务模式中，它打破了地域限制，让更多人享受到优质资源；在基因测序、药物研发等领域，人工智能技术可以处理海量数据，加速科学发现的过程。

与此同时，我们也不能忽视人工智能给社会发展带来的新的社会问题。

人工智能扩大贫富差距。人工智能将进一步扩大当前社会已经存在的贫富差距问题（封帅，鲁传颖，2018）。在工业生产过程中，未来人工智能系统所带来的生产效率的提高并不能转化为劳动人群工资水平的提高。使用人工智能系统的行业通常能够在短时间内积累大量财富，参与分享人工智能系统创造的经济收益的人数在整个推动社会发展的人群中的比重过低；同时，该系统的使用又会造成大量人口的失业。因此，新创造的财富将会进一步向资本方倾斜，而社会中不同人群的贫富差距也将进一步拉大。另外，人工智能系统对于社会不同行业的推进程度也是不一致的。例如互联网行业、金融行业等数据积累较好的行业，或者在生产过程中比较适合人工智能介入的行业，将会在短时间内获得较为快速的发展。因此在这种条件下，一小部分行业将会聚集大量资金和人才，迅速改变国内产业结构，这将会导致行业发展的不平衡。

人工智能增强垄断优势。人工智能技术先进的国家能够在未来的经济竞争中占据明显的战略优势（封帅，鲁传颖，2018）。在人工智能发展的早期阶段，需要国家和企业进行大量的资金和人才的投入。然而由于综合国力的差距，不同国家对该领域的投入差距也很大，因此不同国家在人工智能的发展过程中也存在显著的不平衡现象。目前，美国、中国和欧盟等大型经济体的人工智能技术的发展都相对较快。因此，由人工智能所带来的新一轮技术创新将很有可能首先出现在这几个大型经济体中。掌握人工智能核心技术的国家也将进行技术垄断，从而使本国获得大量财富；而在全球财富分配两极化的情况下，技术相对落后的国家的经济水平将进一步恶化。

人工智能影响本国的意识形态。目前，以 ChatGPT 为代表的通用人工智能系统具有高度的便利性和拟人化程度，这些特征将促进社会公众对该系统的信任与依赖，并进一步地增加该系统对各种社会问题的解释权（石琳娜，2023）。人工智能系统的解释权将与政府官方的解释权在社会公众面前形成竞争，这将在无形之中塑造和改变公众的价值观以及对舆论的判断。并且，人工智能技术更为先进的国家可以利用其技术优势在系统中输入本国的意识形态，使用隐蔽的方法对技术落后的国家进行意识形态渗透，削弱该国的行政管理能力。

（二）相关政策法规的完善

重视人工智能的伦理挑战，抓紧建立并完善官方伦理监管体系是欧盟在人工智能产业发展中占据主动地位的关键一步。欧盟以人工智能系统的五点基本权利为基础提出了四条伦理原则：第一，人类自治原则。保障人类在使用人工智能时具有充分、有效的自觉权利，确保人类对人工智能系统工作程序的监管。人工智能不应成为不合理地限制、欺骗、操纵人类的工具，而应成为提升和完善人类认知和社交能力的手段。第二，避免伤害原则。要确保人工智能系统以及使用环境的安全可靠，确保人工智能技术的稳健性，防止恶意利用，维护人类尊严，保护人的身心健康。第三，公平原则。包括在实质公平层面合理分配收益与成本，确保个人与团体不受偏见、歧视和侮辱，同时也包括在程序公平层面建立对人工智能系统产生成果的合理质询渠道和有效补救措施。第四，可解释原则。意味着程序透明，公开相关系统的功能与目的，保证人工智能产出成果的可解释性。

与其他新兴科学技术一样，飞速发展的现代科学技术在带给我们种种益处与便利的同时，也引发了形形色色的伦理问题。对人工智能伦理问题的讨论不仅需要理论层面的思辨，也需要有针对性的具体情境与案例研究，通过大量的实证调查研究，了解公众的态度与期望，最终实现人工智能创新发展的社会满意。人工智能只有以一种尊重、广泛、共享的道德价值观的方式进行开放和使用，才能被信赖。人工智能作为人类的创造物，它们的行为显然需要受到人类道德规范的影响与制约。从这个角度看，人工智能不仅仅是人类道德规范的执行者，也是人类道德规范的体现者。人工智能的伦理本质上是为了更好地保障人类的利益，赋予人工智能某些权利也是服务于这一根本目的的，因此人工智能的权利必然是需要限制的。此外，伴随着"智能与精神要素不必囿于人类和其他自然物种"的新思想开始充斥于各种著作中，"物"转向后的伦理学家们开始正视"物"的问题，这里的"'物'包括技术人工物之'物'和技术文明之'物'"。人工智能作为技术人工物的高智能形式，其是否具有道德主体地位是伦理学研究重点关注的问题之一。如果人类在社会生活中是"完全的道德主体"，那么人工智能是否是"有限的道德主体"呢？这是研究人工智能伦理的一个基本出发点。

(三) 人工智能的权利

人类与人工智能的关系问题是人工智能伦理领域中的一个重要研究领域，关于人工智能的权利问题长期以来一直受到研究者们的关注。人工智能是否应该被赋予权利？控制论专家凯文·沃里克（Kevin Warwick）认为，拥有人脑细胞的智能机器人应该被赋予权利，但在对公众的调查中发现，只有17%的人支持拥有人脑细胞的智能机器人被赋予权利，83%的人则持反对态度。事实上，在特定群体争取到其某些权利之前，人们通常认为授予他们相应的权利是不合适的。美国法学教授克里斯托弗·斯通（Christopher Stone）认为造成这种现象的部分原因是，在没有权利的事物获得其权利之前，人们仅仅只是把它们视为供"我们"使用的物品，只有"我们"才能拥有权利。而另一些学者则认为，尽管人们生产人工智能是为了让其更好地为人类服务，但通过人类文明的发展和道德意识的增强，人类很可能赋予人工智能权利（高奇琦，张鹏，2018）。封锡盛（2015）也认为，智能机器人应当拥有相应的权利保障，才能有效地服务于社会和便于公众接受，机器人要遵守法律法规，也应该要有权利。

人权概念是一个重要的伦理、法律与政治概念范畴，而人工智能权利更多地属于伦理、科技与安全的概念范畴。如果人工智能能合理地拥有权利，那么这种权利应当包括哪些？我们认为可以从道德权利与法律权利两个方面进行初步探讨。

1. 道德权利

与法律权利相比，道德权利不是由法律规定的，更多地依赖于伦理规范的确立与道德主体的道德水平。在道德权利中，尊重是基本的主题，统一我们所有其他权利的权利就是受到尊重对待的权利，人工智能应该拥有被尊重的权利。就尊重权利而言，可以得出以下几点推论：第一，不可以奴役人工智能；第二，不可以虐待人工智能；第三，不可以滥用人工智能；等等。人工智能得到的尊重权利是消极的道德权利，也就是不被伤害的或错误利用的权利。但是当人工智能真的拥有道德权利时，人类对人工智能道德能力的预期与对普通人类的预期则是不同的，人类可能会对人工智能的道德能力期望更高，即人类与人工智能的道德地位是不对称的。不对称体现为以下两个方面：首先，从人类如何对待人工智能的角度看，人们可能更希望人工智能对人类的行为更加宽容。研究发现，将58名大学生分为两组分别对一些假设情景进行道德评价，其中一组情景中的受害人为人类，另一组为机器人。结果发现，对于同样的违反道德行为，当行为是针对人类而不是机器人时，行为被认为更不道德（Lee & Lau，2011）。其次，从人工智能应该如何对待人类的角度看，人们可能希望人工智能的道德水平更高，在道德活动中也更加积极主动。人与人工智能之间的道德地位的不对称性表明，人与人工智能的互动规律与人与人之间的互动规律并不是完全相同的，人与人工智能之间的互动有其特殊性和复杂性。

2. 法律权利

关于人工智能的法律权利，有学者认为，人工智能是人类社会发展到一定阶段的必然产物，具有高度的智慧性与独立的行为决策能力，其性质不同于传统的工具或代理人；人工智能具有公认的价值与尊严，理应享有法律权利。人工智能的"自主意识"和"表意能力"是人工智能取得法律人格的必要条件。对于人工智能的性质认识与人工智能是否能拥有法律权利有着密切的关系。工具说认为人工智能是人类为生产生活应用而创设的技术，其本质是为人类服务的工具，该学说不认为人工智能具有独立的法律人格。电子奴隶说认为人工智能不具有人类特殊的情感与肉体特征，在工作中无休息等现实需要，有行为能力但是没有权利能力。代理说认为人工智能的所有行为均受人类控制，其做出的行为与引起的后果最终由被代理的主体承担。代理说对于人工智能代理地位的确认其实已承认人工智能具有独立的法律人格，即在人工智能拥有权利能力与行为能力时，其才可能做出履行被代理人指令的行为，但代理说无法解决主体承担责任的公平性问题，在人工智能完全自行做出意思表示时，该由制造者还是使用者作为承担责任的被代理人这一问题还有待商榷。而当人工智能发展出高度智慧性与独立的行为决策能力时，将人工智能定义为具有智慧工具性质和独立表意能力的特殊主体较为合适。人工智能作为一种特殊主体是否应当拥有法律权利？斯通纳认为某一主体是否拥有法律权利取决于以下条件：第一，该主体为满足其要求可以提出法律诉讼；第二，法院在决定授予法律救济时必须考虑到损害；第三，法律救济必须满足它的利益要求。现今的人工智能足以满足以上三项条件，因此理应享有法律权利（袁曾，2017）。

除对人工智能的法律地位进行必要规制外，更需要明晰发生侵权问题时该如何认定相应的法律责任。从人工智能的特性分析，其具有独立自主意识的智慧工具属性，享有权利并承担责任的特点决定了其具有法律人格，但是其承担行为后果的能力是有限的。人工智能价值观的形成与人类存在本质不同，人工智能的深度学习主要依赖的是数据记录应用和复杂的算法，在运用算法时，较难保证其每次均能作出合适的价值判断。人工智能的工具属性决定了其法律地位是有限的，其无法独立完全承担侵权责任。关于人工智能的侵权规制问题可以参考联合国教科文组织《关于机器人伦理的初步草案报告》，该报告提出对机器人的责任采取分担解决途径，即让所有参与机器人发明、授权和使用过程的主体分担责任。该方法可以应用于人工智能，强化人工智能产品责任，将人工智能的外部性安全成本内部化，鼓励人工智能的销售商、零售商、设计者、使用者、监管者，认真履行人工智能的安全责任，确保上下游链条不会随意更改人工智能系统。为了确保人工智能是可以被问责的，人工智能系统必须具有程序层面的可责依据，证明其运作方式。由于人工智能研发的高度分散性、秘密性、不连续性以及不透明性，任何一个拥有该智能的个体都可能参与到人工智能的开发和研制中去。因此，数据的妥善记录和保存至关重要，在发生事故后追寻原始数据将成为最有力的定责与索赔依据。如果人工智能的开发者无法提供完整的数据记录，则由其承担无过错责任并进行赔偿，未妥善储存数据需要承担严格的人工智能产品责任。人工智能因其本质为工具，即使其具有自我意志也无法改变其服务人类社会发展的属性。因此，人工智能仅享有有限的法律权利，其自身承担有限的法律责任，人工智能造成的侵权损害赔偿或刑事责任需依据实际情况由其设计者、开发者、制造者或使用者承担。人工智能设计的侵权规制主要集中在承担责任的主体、数据使用安全、破坏人工智能的责任分配等方面。

（四）人工智能的道德能力

伦理道德的根本目的是协调与处理人际关系，所有的道德实践也都是在社会环境中进行的。人类的道德能力培养是在家庭、学校和社会中，通过教育、模仿、实践与思考等途径发展起来的。从社会智能理论与人类伦理社会性的角度来看，让人类与人工智能以及人工智能之间进行互动，使人工智能通过模仿人类的道德能力培养模式来发展人工智能的道德能力，是一种培养人工智能道德能力的基本途径。人类的道德推理受多种因素的影响，心理因素和文化因素是其中的关键因素。德赫汉等人（Dehghani et al., 2011）试图提出一种可以连接人工智能路径与心理学路径的道德伦理决策模型，用以体现关于道德决策的心理学研究成果。道德伦理决策模型使用一种自然语言系统从心理刺激中产生形式表征，以减少可修整性。世俗价值观和神圣价值观的影响通过定性推理建模，使用数量级表示。该模型结合第一原理推理和类比推理来决定道德伦理判断时的结果和效用。道德判断并不总是依据功利主义进行的，神圣的价值观通过唤起义务论的道德规则来组织功利主义的动机。泰洛克（Tetlock，2000）将神圣价值观定义为被道德团体体现为具有超验意义的价值观，排除了比较、权衡，或者与世俗价值观的混合。拥有神圣价值观的个体会拒绝权衡的需要，无论结果如何，当他们的神圣价值观受到挑战时，会表现出强烈的情绪反应（例如，愤怒）。当涉及神圣的价值观时，人们往往更关心他们行动的性质，而不是结果的效用。巴伦和斯普兰卡（Baron & Spranca，1997）认为，人们在处理神圣价值观时，对结果的效用表现出较低的数量敏感性，即对自己选择的后果变得不那么敏感，更容易导致其不作为，即使这种不作为可能导致更低的结果效用。结果敏感性的程度随文化和情景的背景而变化。林和巴伦（Lim & Baron，1997）表明，不同文化中的人们倾向于保护不同的价值观，并对共同的神圣价值观表现出不同程度的敏感性。除神圣价值观之外，情境的因果结构也会影响到人们的决策能力。当他们的行为影响到伤害者而非被害人时，人们的行为越功利化，对行为的结果效用则越敏感（Waldmann & Dieterich，2007）。

社会智能是指一种正确认识自我与他人、与人和谐相处的能力，包括言语、情感表达、社会行为调整、社会角色扮演等多种社会参与技能。社会智能是灵长类动物智能进化的重要因素，也是智能人工物进化发生质变的关键因素。伦理道德是个体在与社会环境碰撞的过程中，通过实践、思考、模仿以及教育等途径逐渐习得的。从社会智能的角度发展人工智能的道德能力是人工智能发展的基本趋势，目前人工智能在规则明确的领域已取得巨大的成功，但是在真实的社会生活环境中，人工智能的灵巧性和适应性与人类仍相距甚远。因此，让人工智能在现实社会中学习掌握更多的伦理道德知识与技能是人工智能伦理设计的关键因素。从认知科学来看，人工智能可以通过模仿现实社会中人类的道德认知来构建人工智能的道德能力。人工智能模仿人类的道德认知，其核心内容就是通过对社会智能的产生、发展以及表现等方面规律的探究，让人工智能在一定程度上模拟人类的社会智能。

二、人工智能的伦理设计

对人工智能产品进行伦理设计是解决其安全问题的基本途径之一。人工智能伦理设计的主要目标是让人工智能在与人类互动的过程中，具有一定的道德判断与行为能力，从而使人工智能的所作所为符合人们预设的道德准则。瓦拉赫和艾伦（Wallach & Allen，2008）将人工智能的道德抉择设计为三种实现模式：自上而下的通路、自下而上的通路以及混合通路。自上而下的通路是指选择一套可以转化为算法的准则作为人工智能行为的指导原则；自下而上的通路与人类培养道德判断力的路径相似，是指通过试错法逐渐培养道德判断能力。但这两种通路都存在一定的局限，将两种通路统一起来能更好地应对不同的道德挑战。人工智能因其拥有的超算能力和深度学习能力而在规则非常明确的领域具有绝对的优势，但是人工智能无法像人类那样，在不同领域的学习经验中进行自由转换。人工智能安全性问题的根源可能并不是它是否能真正超越人类，而在于它是否能成为一种为人类所用的安全可靠的工具。从理论上来看，一旦人工智能出现安全问题，其危害与后果是不堪设想的。因此在人工智能产品的设计中需要对人工智能的自主程度进行限定，将最终的决定权掌握在人类自己的手中。例如，在航空领域，我们可以利用人工智能来评估危险程度，思考可以采取的措施，但是否起飞以及降落等重大决策的决定权仍交于人类手中。在人工智能系统的设计中应以责任伦理为导向，通过各种协调机制和程序，让伦理的维度参与到新兴技术发展的实际过程之中，以便共同应对新兴科技发展给人类带来的巨大不确定性。

　　价值敏感设计是指一种以价值理论为基础的设计方法，强调在整个设计过程中以一种有原则的、全面的方式考虑人类价值。价值敏感设计在人工智能伦理设计中发挥着关键作用，价值敏感设计不仅关注工具性和功能性价值，而且重点强调设计中的伦理价值，如知情同意、信任、公平性等，价值敏感设计将人类价值放在技术人工物所处的具体环境中进行考量，同时关注现有技术是如何支持或阻碍人类价值的，以便能在设计过程中系统地、彻底地考虑人类价值和社会影响。价值敏感设计认为技术不能价值中立，它体现了开发人员的价值观。价值敏感设计涵盖的具体伦理价值有如下几个方面，人类福利、所有权和财产、隐私、无偏见、普遍可用性、信任、自主性、知情同意和问责制等，也涉及在使用过程中使用体验的实用性价值（系统操作的简易化）、公约（如标准化协议）和个人品位（如图形化用户界面中的颜色偏好等）。价值敏感设计的主要特点包括：互动理论、考虑直接和间接利益相关者和三方方法论。互动理论认为价值观产生于技术与用户的交互中，其中技术作为塑造社会的要素，需要遵守一定的伦理规范；人的行为和社会的力量会推动技术的发展更迭，技术反过来也会改变人的行为与整个社会体系。识别直接和间接利益相关者及其价值观是价值敏感设计的重要组成部分，直接利益相关者指的是直接与人工智能系统交互的个人或组织，间接利益相关者是指接受人工智能系统影响的其他个人或组织。三方方法论是指概念调查、经验调查和技术调查这三阶段的相互作用，某一阶段中的设计会影响其他两个阶段，见下页图8-1和表8-1。价值敏感设计作为技术伦理研究的新方向，促进着"技术实践"与"伦理实践"的统一，这一过程中需要明确的伦理理论提供支撑。研究者将实质性能力理论用于支持价值敏感设计，该理论认为，每个人都应获得10种核心能力：①能够正常生活；②身体健康；③保持身体完整；④能够运用感官、想象和思考；⑤有情感和情感依恋；⑥拥有时间理性来形成一种善的概念；⑦拥有有意义和受尊重的社会关系；⑧对其他物种表示关心；⑨会

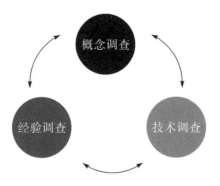

图8-1 三方方法论及其迭代

资料来源：古天龙，马露，李龙 等．（2022）．符合伦理的人工智能应用的价值敏感设计：现状与展望．智能系统学报（1）：2-15.

玩；⑩控制自己的物质和政治环境。这10种核心能力可以为大的主张和考虑提供正当理由和论证来源，帮助价值敏感设计明确研究者的主张。无人机能帮助减轻交通压力，但在研发应用和推广中产生的一系列伦理问题使其发展遇到了阻力。当价值敏感设计首次应用于无人机平台的技术开发时，价值层次方法也被引入进来，在原有三个层次的基础上新增了伦理原则层次，并构建了无人机伦理框架，包括有益、无害、自主、公正和可解释性。使用该伦理框架时，伦理原则需要被转化为具体的人类价值，例如，有益的伦理原则可转化为人类福利（身体、心理和物质福利），无害的伦理原则可转化为隐私、安全等价值（古天龙 等，2022）。

表8-1 三方方法的对比分析

三方方法	主要任务	不足之处
概念调查	1.设定研究问题的背景； 2.识别价值及价值冲突； 3.识别直接和间接利益相关者。	1.缺乏识别利益相关者的明确方法； 2.由谁来制定价值列表备受争议； 3.无法判断价值列表的合理性。

续表

三方方法	主要任务	不足之处
经验调查	1.识别利益相关者对互动语境下个人价值的认知； 2.识别预期和实际操作的差异。	1.对于价值权重缺乏统一的衡量标准； 2.尚未明确利益相关者意见产生分歧时的解决方法。
技术调查	1.对现有技术进行回顾性分析； 2.对新技术进行前瞻性分析； 3.识别技术如何阻碍或支持某些价值。	1.尚未明确需评估的具体技术； 2.尚未关联到具体的技术执行环节。

资料来源：古天龙，马露，李龙 等.（2022）.符合伦理的人工智能应用的价值敏感设计：现状与展望.智能系统学报（1）：2-15.

三、科技发展伦理问题的应对策略

（一）加强对开发人员伦理意识的培养

在人工智能系统中，算法是其最根本的元素。因此，在系统设计与优化过程中，一定要严格监管开发人员对算法的设计。在进行算法的设计与开发时，由于开发人员的认知、情绪以及社会环境的影响，很有可能出现算法偏见和算法歧视等问题，进而导致系统出现伦理问题。因此，在开发人员的选拔与训练过程中，科研单位和企业应当对其进行科学的引导和教育。在开发过程中，研发单位要制定严格的算法开发制度，并加强对研发单位在人工智能系统算法使用方面的监管。对于政府部门，应当加强其在人工智能伦理顶层设计中的作用，为研发单位打造优良的工作氛围，提升开发人员的工作热情。

（二）尽快出台并完善人工智能伦理相关的法律法规

随着人工智能技术的快速发展，其应用范围也在不断扩大。任何技术的发展都离不开法律法规的约束。法律法规能够对从人工智能系统的开发到应用进行良性引导，不但对系统的开发与设计有很好的促进作用，还能推动该技术最大限度地朝着为大众服务的方向发展（刘飞，2023）。另外，要明确开发人工智能的企业在法律法规层面的义务和责任。在企业内部也应当制定相应的规章制度，进一步规范人工智能的设计与开发。对政府和企业组织机构来说，也要加强对人工智能系统的监督与审查，确保其符合标准。

（三）加强不同领域之间的合作

以前的人工智能技术通常是基于对人类认知过程的模拟发展起来的，例如进行决策时使用决策树模型（喻丰，2022）。随着计算机科学技术的发展，当前人工智能技术更多选择使用机器学习技术。在机器学习基础上配合大量的训练，能够使该系统对某一输入产生相应的输出。这种类似于刺激—反应的模式更像是行为主义所倡导的学习方式。然而，行为主义因没有考虑到人的自主性而广受争议。目前的人工智能技术同样存在该问题，假如人工智能系统的学习材料出现问题，则其做出的反应也必然会出现问题。因此未来要开发更适合广大人群的人工智能系统，必然要与心理学、神经科学等领域进行深入合作。

第三节 信息安全事件与危机干预

一、信息安全事件

信息安全事件是指一些不法分子通过黑客技术等方式针对网络

云服务、信息系统和网络设备等进行攻击、篡改、伪造等行为，来窃取、损毁、篡改、查看、泄露或意外丢失机密信息的事件（杨蓉，2021）。信息安全事件严重威胁到个人、组织和国家的安全，因此，防范这些事件是一项十分重要的工作。以下是近年来出现的一些信息安全事件。

（一）WannaCry 勒索病毒事件

WannaCry 勒索病毒是一种通过电子邮件附件等途径传播的加密病毒，在2017年5月爆发了一场全球性勒索软件攻击事件。这次事件引起了世界各国政府的关注，目前仍是国际互联网史上最大规模的网络攻击事件之一。该病毒利用了Windows操作系统的漏洞，传播至全球的数十万台计算机中。一旦被感染，该病毒会将计算机中的文件加密，并将所有加密的文件标记为 ".wncry" 扩展名的文件。同时，勒索者则会向用户要求支付赎金，只有这样才能够解锁这些文件（李潇，刘俊奇，范明翔，2017）。

（二）Equifax 个人信息泄露事件

Equifax是美国最大的信用评级机构之一，于2017年9月被曝出数据泄露。在这次事件中，黑客攻击者入侵了该公司的服务器，窃取了近1.45亿名用户的个人信息。这些信息包括了姓名、住址、社会保险号、人口普查信息、驾照号码等敏感信息，严重威胁了用户的隐私和财务安全（Moore，Tyler，2017）。

（三）棱镜门事件

棱镜门事件（Prism scandal）是爱德华·斯诺登曝出的一项重大秘密项目，该项目是美国国家安全局（National Security Agency，NSA）的计算机程序，允许美国政府通过多个大型互联网企业的服务器和各个国家的电信网络，收集包括电话和电子邮件在内的海量数据。

据斯诺登透露，这个计划名为"棱镜"，主要涉及由微软、谷歌、苹果、亚马逊、威瑞森（Verizon）、雅虎等九家公司参与的一项秘密监测计划，以收集全球各地的互联网数据，包括电子邮件、聊天记录、音频和视频通话等，普遍认为棱镜门事件揭示了美国国家安全局大规模侵犯个人隐私、违反民主和个人自由权的实践。棱镜门事件曝光后，在全球范围内引起了广泛的争议和质疑，美国政府受到了大量批评，包括来自各个国际组织、公民社会和公共知名人士的严厉指责（方兴东，张笑容，胡怀亮，2014）。

以上例子仅仅是近年来信息安全事件中的几个案例，从这些案例中我们也可以发现，信息安全事件的发生原因和类型各不相同，但共同点是黑客、攻击者等不法分子针对信息系统、网络设备进行了攻击，实施了恶意行为，窃取、篡改、伪造、泄露或意外丢失机密信息，对个人、组织和国家的安全产生威胁。因此，加强信息安全防范、提高信息安全意识，应该成为每个人、每个企业乃至国家的重要任务。

二、不安全信息传播对人们心理的影响

在现代社会中，发生不安全信息事件是人们日常生活中经常会遇到的问题。人类的生活、工作、学习与信息技术利用密切相关，每当个人、企业、政府的信息被泄露、篡改、盗窃时，都会引起公众的广泛关注。长期不断地受到不安全信息事件的困扰和影响可能对人们的心理健康产生负面影响。本节将从以下几个方面对此进行探讨。

（一）恐惧与不安感

不安全信息事件会让人们产生很强烈的恐惧、不安和疑虑感，因为这些事件与自身信息安全关系紧密。一旦人们发现自己的信息被泄露、盗窃，其在个人、家庭、财务和职业等诸多方面都会感到受到了严重影响，从而感到失去控制、无助和不安全。同时，受到

不安全信息事件影响的个体通常也会出现焦虑、抑郁、失眠等情绪上的不良反应。

（二）信任与人际关系受损

不安全信息事件可能会对人们的信任感与人际关系产生负面影响，导致人们失去对组织、企业和政府的信任。这通常说明相关组织、企业和政府在保护个人信息安全方面存在漏洞，导致公众对它们失去信任感，甚至会怀疑信息保护主体的动机和行为。

例如，美国2013年的互联网监控事件棱镜门曝出后，美国政府的信任问题受到了重创。一些网民开始对美国政府表示失望，认为政府工作缺乏透明度和保护个人隐私的决心，导致美国民众担心政府网络监控的安全性，这使得美国政府和国内的互联网企业的信誉度也受到了巨大的打击。

（三）生活幸福感下降

不安全信息事件有可能使人们的幸福感下降，影响人们的生活品质。在个人信息被窃取的情况下，人们需要采取一系列应对措施，如修改密码、更换账户、寻求法律援助等，不仅需要花费大量的时间和金钱成本，而且经历了这些事件后，个人的生活也会出现诸多问题和不便，这将直接影响人们的生活幸福感。

例如，2017年Equifax数据泄露事件，大量用户的个人信息被盗，美国国内将近一半的成人的个人信息都在此次泄露事件中被盗窃，很多人需要重新审视自己的银行账户、信用记录、投资账户等，需要重新审视自己的财务状况，并采取必要的措施，如冻结账户、更改密码等。此外，由于个人信息泄露事件的恶性影响并不是一蹴而就的，在接下来的一段时间，受影响的人们还需要进行相关的监控和维护，以确保自己的财务安全。

此外，在信息泄露事件发生后，受害者的心理状态也会受到影响。恐惧、疑虑、不安等负面情绪会持续存在，这可能会对受害者的心理产生长期的不良影响，导致其焦虑、抑郁等，甚至会影响到受害者生活的稳定和正常的工作、学习秩序。

因此，不安全信息事件对公民的心理健康产生的威胁是非常显著的。政府和信息保护主体应采取必要措施来减少不安全信息事件的发生，加强信息保护方面的监管，提高公民个人信息保护意识，同时，需要对受害者进行必要的心理辅导和援助，帮助他们从不安全信息事件的影响中恢复过来，从而保障身心健康。

三、对不安全信息事件的应急管理方法

（一）对不安全信息事件的应急管理办法

随着网络技术的普及和互联网的发展，不安全信息事件已成为当前互联网用户面临的重要挑战之一。这类事件会给个人和组织的安全和利益带来极大的风险，特别是在涉及隐私泄露和网络犯罪等情况下更是如此。从根本上说，对网络安全风险的评估和应急管理至关重要。以下是应急管理的具体实践内容：

1. 应急计划的制定

建立健全的应急计划是应对不安全信息事件的重要组成部分。制定应急计划的目的是预先计划好应急救援措施，以降低方案实施过程中的不确定风险。具体包括对现有安全架构的评估、制定事件响应计划、制定危险保护方案、进行威胁分析和安全漏洞验证等内容（吴宗之，2002）。

2. 对安全漏洞的预防和督导

对于不安全信息事件进行应急管理，预防安全漏洞的出现至关重要。组织或个人应完善信息安全标准和规定、修复安全漏洞、定期审核硬件和软件设备并进行针对性测试。同时还要加强对应急管理人员应急意识的培训和督导，特别是对于经常处理机密信息的工作人员应更为重视（孙向军，2015）。

3. 实施紧急措施

无论是在发生安全事件后还是事先，实施紧急措施都非常重要。例如，对黑客攻击、病毒感染或其他安全事件下的网站或系统进行第一时间的自我保护、实施损失评估和系统恢复。同时，积极启动应急计划，及时关闭系统或网站以关闭漏洞和维护网络的安全性。

4. 信息共享和合作

团队的合作和信息共享在应急管理过程中尤其重要。不同部门的应急管理人员要同其他机构人员合作，共享信息、分享经验、提高防范水平。这将使得应急救援计划更加积极、应急管理人员和机构人员能相互补充和协同工作，并且在应急响应计划方面获得成功。

5. 评估和总结风险事件

根据经验教训，每一次安全事件的管理都应在事后进行反思和总结，并以此为基础对应急计划进行改进和完善。此外，通过记录和归纳每个事件与其中所采用的应急响应计划的整个流程，可以进一步完善总体应急计划，并提高措施的应对效果和实用性（李廷元，范成瑜，秦志光，刘晓东，2009）。

在应对不安全信息事件的过程中，需要注意几个方面：第一，确定信息安全事件的性质。首先要进行初步调查并确定安全事故的性质，以便采取相应的应对措施。这需要及时采取必要的措施以阻止并尽快处理安全风险。第二，根据初步评估采取紧急响应措施。在确定了不安全信息事件的性质后，应该立即启动应急响应计划，并采取相应的措施以减少风险的影响。例如，立即关闭系统、启动备份系统、阻止数据流中途传输或通知安全专家等。第三，进行恢复和评估。安全事件的发生对于受害者个人和组织都有可能造成损失，因此应该立即采取恢复措施，并尽快评估损失的范围和影响。这有助于再次修订应急计划并探索其他解决方案。

总的来说，不安全信息事件会给个人和组织的安全和利益带来巨大的风险。为了保护个人和组织免受此类事件的影响，必须采取应急管理措施。这些措施需要包括制定应急计划、加强安全意识、预防安全漏洞、实施紧急措施和共享信息等方面。这些总体策略将确保组织或个人对不安全信息事件做出有效的应对和应急响应，从而最大限度地减轻事件对个人和组织的影响。

（二）对不安全信息事件中受害者的心理帮助

不安全信息事件不仅会给个人和组织带来实质性的损失，还会对他们的心理产生负面影响。在个人和组织受到不安全信息事件的影响后，如何解决相关人员的心理健康问题成为重要的问题。下面将从如何理解不安全信息事件对心理健康的影响、如何解决不安全信息事件对心理健康的影响等方面进行探讨。

1. 信息与危机沟通

不安全信息事件发生后，受影响的个人和组织需要迅速获得准确且详细的信息，以了解事件的全部情况和影响范围（朱凡，2016）。此时，信息与危机沟通成为至关重要的步骤，可以帮助受害者减轻心理负担，并提供必要的帮助和资源。

信息与危机沟通应该是透明、准确和及时的。透明性意味着应该诚实地告诉受影响的个人和组织事件发生的全部情况，无论是好事还是坏事，都必须告诉所有相关方，并及时更新。准确性意味着要确保提供的所有信息都是可验证的，以减少虚假信息的传播和流言的散布。及时性意味着组织应该在第一时间告知受影响的个人和组织，以便他们采取必要的措施。

除此之外，危机沟通还应该注重以下几点：①统一口径。在危机沟通中，各个部门应该与公关部门协商，统一口径，避免不同部门发布不一致的信息。这能够有效地避免受害者产生混淆和困惑。②发布常见问题。可以发布常见问题，这些问题通常涉及受害者最为关心的方面，如影响的范围、个人信息的安全程度和风险大小等。这可以帮助受害者快速获得关于事件最重要的信息，解决困惑。③保护个人隐私。在危机沟通中，需要注意保护受害者的隐私。受害者通常需要提供一些个人信息，以便获取必要的帮助和资源。在此过程中，应该确保人员的隐私得到充分保护，并避免泄露受害者的个人信息。④提供心理支持。在危机剧烈时期，受害者的心理健康需要得到特别关注。如果受害者需要心理辅导和支持，可提供心理支持，包括提供情感支持心理治疗、热线服务和组织心理咨询等。⑤协调资源。在危机沟通中，组织需要协调各种资源，以满足受害者的需求。这可能包括提供食品和水源、提供住房、提供紧急医疗援助等资源。在资源协调方面，组织需要确保资源分配公平，并确保能够满足尽可能多的受害者的需求。

2. 提供情感支持

不安全信息事件可能对受害者的情感和心理状态产生深远的影响。在此情况下，提供情感支持成为缓解和减轻受害者心理负担的重要手段。情感支持是一种对受害者情感上的支撑与帮助，旨在为受害者提供心理上的安慰、理解和支持，以帮助他们度过困难时期（刘晓，黄希庭，2010）。

情感支持应注意以下几点：①提供对话机会。在不安全信息事件发生后，受害者也许需要一个能倾听他们的听众，和一个能随时交流的环境，来缓解情感上的困扰。提供对话机会就是提供这样一个环境，可以为受害者提供聆听和交流的机会。对话机会可以包括心理治疗、小组交流和电话咨询。这些对话环境可以帮助受害者释放掉负面情绪，倾听他们的感受和看法，并为他们提供必要的支持。②提供实际帮助。除了情感上的支持以外，为受害者提供实际的帮助同样是情感支持的一种形式。这种帮助可以涉及提供食品和水源、提供住房资源、提供紧急医疗援助以及其他形式的物质帮助。这些实际的帮助能够为受害者提供更多的保障和支持，帮助他们渡过难关。③提供信息支持。当某些事件发生时，受害者往往需要快速获取准确的信息。在这种情况下，提供信息支持就显得尤为重要。组织可以通过发布官方声明、解答常见问题、提供专业意见等方式提供最新的信息和资源，这些信息能够帮助受害者了解事件的范围和对策，减轻他们的焦虑和不安情绪。④增强心理韧性。给受害者提供心理支持也包括帮助他们增强心理韧性。在这种情况下，提供一些关于抵抗压力和摆脱逆境的办法和建议，帮助受害者保持积极的心态、灵活处理压力和避免悲观情绪。一些能够帮助受害者充分觉察自身情感状态、致力于行动和自我成长的方式是帮助受害者增强心理韧性的有效方法。

3. 提供积极观点

不安全信息事件可能会对受害者的心理和情感空间造成影响，甚至引起负面情绪，包括焦虑、恐惧、失落等。这时，尝试从积极心理学的角度提供积极观点成为重要而有效的突破口。

以下是解决不安全信息事件对个体心理健康影响的一些建议，用于帮助受害者转变思考方式，进而创造积极的视角：①确定目标。确定个人目标是一件重要的事情。这些目标可以是短期目标、中长期目标和长期目标，例如探索新的兴趣、尝试新工作、参与志愿工作等。通过设定个人目标，受害者可以更好地调整自己的思维方式和行动轨迹，有条不紊地去规划和指导个人未来的发展方向。同时，这些目标会帮助受害者看到未来积极的一面，促使他们积极面对事实。②培养乐观心态。在面对困难时，帮助受害者尝试培养一种积极主动、乐观向上的心态，以创造积极的视角。这样的乐观主义可以有效帮助受害者建立内在的抵抗力，即使有了挫折，也不至于一蹶不振、意志消沉。在不安全信息事件发生后，受害者需要相信自己仍然能够积极应对，并继续前进。③接受变化。不安全信息事件会改变受害者的生活方式和情感状态。在这时，接受变化是必要的前提，因为许多事情已变得不可避免。

受害者可以尝试去适应这些变化，甚至在新的环境和情况下寻找机会。这是一种转换思维方式的方法，旨在创造一个更加积极和充实的视角。④借助社交网络。在面对困境时，受害者通常感到孤独和无助。借助社交网络，帮助受害者寻求社会支持，获得他人理解和同情的情感支持。

需要指出的是，提供积极观点并非一蹴而就的事情。它需要时间、态度调整和习惯培养。但是，只要持续不懈，受害者就可以在不安全信息事件中发展出更积极的思维方式和态度，从而走出阴影。

4. 与社区建立联系

在不安全信息事件发生后，与社区建立联系是非常重要的。建立与社区的联系可以帮助受害者更快地恢复到正常状态，减轻心理压力。社区的支持和帮助是非常重要的，因为这些支持和帮助可以帮助受害者获得各种资源，例如情感支持、实际资源和心理治疗等（傅素芬，陈红卫，夏泳，2005）。

具体建议如下：①寻找社区管理者。他们在社区中拥有相当的影响力并能够广泛地联系其他社区成员。透过社区管理者的帮助，社区内的成员更容易互相认识和相互帮助。同时，社区管理者在社区内拥有威望和信任度，可以帮助传递信息，增强社区内联系的紧密程度。②建立社区支持小组。在社区中建立支持小组是另一种有效的联系方式。这些小组实际上是由社区成员组成的，通常能够更好地了解受害者的需求和感受，可以提供更多的帮助。③与当地卫生部门建立联系。在不安全信息事件发生后，当地卫生部门的支持和帮助也非常重要。卫生部门通常可以提供一些基本的资料，例如健康教育、心理治疗和医疗资源等方面的支持。受害者可以通过与卫生部门接触和联系获取必要的帮助，以及实现与其他社区的资源共享。④组织社区活动。社区活动是另一种与社区建立联系的方式。组织一些社区活动，例如图书交流、聚餐、开展体育赛事等，可以让社区成员间相互接触和认识。这些活动的开展还可以让受害者找到一些放松和减轻压力的方法。例如，参加体育赛事可以让受害者锻炼身体、释放压力和改善情绪。

尽管与社区建立联系并不是解决不安全信息事件所应采取的唯一措施，但它确实是帮助受害者恢复自信和建立信任感的重要举措。

综上所述，不安全信息事件不仅会给个人和组织带来实际损失，还会对受害者心理造成负面影响。进行透明、准确和及时的信息沟通，提供情感支持，提供积极观点，以及与社区建立联系等措施的采取，可以有效降低不安全信息事件对受害者心理健康的影响，人们或能从中获得启示，更好地面对未来。

第四节　关于人工智能的社会态度

人类对人工智能的态度将决定人类与人工智能的互动。在当代社会中，技术科学的社会表征已经变得更加复杂，远离了传统的乐观表征。文化理论指出，对新兴技术的恐惧与价值观和某些文化动态的维持有关（Douglas & Wildavsky，1983）。根据这一观点，可以得出这样的结论：人们所抵制的不是新技术，而是新技术所引起的变化，社会群体选择各自群体中的风险构成，进而保护某些社会互动模式免受他人的影响。

一、公众对人工智能的社会态度

公众对人工智能技术的普遍接受对这项技术的发展至关重要，因为公众的负面反应可能会减缓该项技术的普及进程。技术接受度模型（Technology Acceptance Model，TAM）解释了影响或促使人们采用新技术的动机因素，提出了人们接受新技术的前因，包括感知有用性和感知易用性。感知有用性是指一个人相信使用一个特定的系统会提高其工作表现优异程度。感知易用性是指一个人对使用特定系统的简单程度的评估。技术接受程度模型最初是用来评估计算机的普遍接受程度的，随着技术的快速发展，技术接受度模型被广泛用于评估不同新技术的扩散程度，其中也包括人工智能技术。人工智能领域专家对目前的人工智能技术持普遍乐观态度，但是公众和一些人文学者对人工智能技术则抱有较大的疑虑。公众是人工智能产品安全问题的主要承担者，因此我们在设计人工智能时应充分考虑到公众对人工智能产品的忧虑与恐惧，尽可能通过沟通、对话、讨论等方式解决或缓解其忧虑与恐惧。科学家有义务向公众进行详细解释与说明。在技术专家与公众对话的过程中，公众对技术性语言的理解是影响双方沟通的关键因素。从理论上来讲，公众越早参与人工智能产品研发过程，参与时程越长，获取的信息越多，双方的沟通就越有效，两者的信任关系也更容易建立。

（一）人工智能技术的潜在风险

人工智能技术的引入可能涉及两大风险，第一个风险是人工智能对工作和就业的永久影响，人工智能技术的快速发展和日益增长的流程自动化会使大量工作人员面临失业风险，特别是从事技术含量较低工作的人员，一些专家也在强调这些新发展可能带来的破坏，他们指出未来大多数劳动力的就业机会会更少。此外，关于在基于人工智能的经济背景下创造的就业机会的质量，新经济的劳动力市场相当两极化，虽然人工智能促进了高技能工作与计算，但是由算法介导的新工作形式激增，使得在许多情况下降低了劳动质量。第二个风险是对隐私的担忧，大数据市场的快速扩张是互联网上获取和存储个人信息相关的各种技术飞速发展的结果，并且这项技术可能为消费者和社会特征分析提供有价值的信息。但是，商业领域中，未经许可使用数据的丑闻引起了公众和媒体的关注。将大数据问题应用于多个领域，如地理定位、通过可穿戴设备进行健康监测、在线购物或银行服务等，有助于创建新的商业市场，但同时也对用户造成了潜在伤害。安全漏洞可能会导致密码被盗、电子邮件和银行账户被入侵、工业盗版和其他危险结果。隐私问题在在线消费者的生活中尤为突出，一些研究表明，对如何处理个人数据的负面看法可能会影响在线的交易频率（Akhter，2014）。此外，在个人自愿向公司提供这些信息的情况下，使用图像和个人信息可能会导致未来关于版权、数据保护和所有权的纠纷，所有这些都引发了人们对此类数据潜在滥用风险的担忧和对网络隐私的日益担忧（Cecere，Le Guel & Soulié，2015），并且来自国家和行业的不同数据集的互联可能会增加社会的监控水平。人们对人工智能的主要担忧之一是人工智能会加剧对公民的监控，甚至会用智能机器人大规模取代主要劳动力。公众对滥用人工智能的担忧不仅与企业有关，还与政府有关。比如，政府计划将人工智能应用于更广泛的用途（如面部识别、数字识别等），虽然已将多年的努力和可靠证据进行公开以获得对政府未来发展人工智能的政策支持，但公众舆论仍对由政府、公司及科学界提供的科学事实持怀疑态度。

通过透明的政策，可以增加公众对人工智能的信任。社会共同责任强调的就是让科学家与非科学家公民之间进行对话，让公民有机会和科学家、工程师和公职人员共同合作，从而构建一个更具包容性的技术未来。为了保证公民参与的有效性，需要保证参与讨论的人员与团体之间的地位平等，在没有外部胁迫的情况下公开表明自己的利益诉求和价值观，通过论据和理由的交流求得共同的解决方案。

（二）影响公众对人工智能态度的因素

公众对人工智能的态度受多方面因素的影响，主要包括信任、知识、大众媒体等不同维度。研究表明，信任度和可靠性会影响飞行员的态度，价格和质量则会影响消费者的观点。李和西伊（Lee & See，2004）认为，信任在人们适应具有认知复杂性和不确定性的任务中发挥着关键作用。信任也是影响公众对商用航空态度的一个重要因素，与飞行员不同，公众无法获得能够帮助他们形成可靠性估计或预测结果的信息，也就是说公众对于航空自动化并没有一个清晰的认识。此时，信任在公众对商用航空的态度方面就发挥了重要作用。在消费心理学领域，价格和质量是人们做决策时所依赖的一般属性（Huang，Lee，& Ho，2004），当质量的信息不完整时，人们会依赖启发式方法来形成态度，比如价格—质量推断，价格—质量推断是指产品与价格会影响对其质量的推断，研究人员发现价格对感知质量有正向的影响。比如，在航空领域，我们推测越高的机票价格表示更高质量的交通飞行服务。除了价格之外，媒体对航空事故耸人听闻的报道会影响公众的安全评估，进而影响其对风险的感知。更重要的是，对信任和风险的评估并不单纯涉及认知领域，即时的情感反应也会影响信息的处理和判断。情感系统的工作使个体更关注相关的细节和管理信息处理的优先级。此外，情绪会引导人们远离产生负面结果的情况。阿尔哈卡米和斯洛维克（Alhakami & Slovic，1994）提出了情感启发式，他们认为情感涉及对一个物体是好是坏的评价，评估是一种感觉状态，通常是直接的和无意识的。人们对技术的感受可以预测他们对风险和收益的判断，而不管与技术相关的实际风险和收益。例如，当让他们获得一项新技术风险较低的信息时，人们报告说他们对这项技术有良好的感觉，并认为它是有益的。相反，当人们被提供一项新技术风险较高的信息时，人们会报告不利的感觉，并判断该技术的效益较低（Finucane，Alhakami，Slovic，& Johnson，2000）。感知到的风险和收益之间的反比关系就是一种被用作评估新技术的情感启发式，如果消费者对一项技术有负面情绪，他很可能会认为这项技术是有风险的。事实上，人们对新技术的情感和感知反应之间是存在交互作用的。比如，研究发现，公众感知的风险和利益会影响他们对开发新技术的支持程度。通过有效的利益沟通，人们的技术风险感知就可以降低。

信任是备受学界关注的一个核心概念，研究者发现在日益复杂和不确定性高的现代社会中，信任是社会复杂性的重要简化机制，人们对技术安全性的信任不仅仅与科学知识有关，更重要的是与对政府机构和技术部门及专家的信任有关，对他们的信任能够有效降低公众对新技术的风险焦虑。根据以往研究，可以从信任对象和信任内容两个维度将信任划分为四种类型：①对科学家/科研机构科研能力的信任；②对政府官员/政府部门公共管理能力的信任；③对科学家/科研机构责任态度的信任；④对政府官员/政府部门责任态度的信任（详见表8-2）。研究还发现，信任对风险感知的影响存在波

表8-2　四种类型的信任

	知识权威	管理权威
能力	对科学家/科研机构的科研能力的信任。	对政府官员/政府部门的公共管理能力的信任。
道德	对科学家/科研机构的责任态度的信任。	对政府官员/政府部门的责任态度的信任。

资料来源：朱依娜，何光喜．（2021）.信任能降低公众对人工智能技术的风险感知吗？.科学学研究（10）：1748-1757.

动与变异，会随着其他因素的变化而变化，研究者们发现信任和知识存在两种潜在的交互模式，第一种是当公众缺乏相关知识，无法依靠理性认知对技术风险作出科学判断时，对知识权威和管理权威制度的信任会成为影响风险感知的重要因素；反之，当公众具备相关知识，能够对技术风险作出科学判断时，信任对风险感知的影响力就会下降。也就是说，信任在面对较大不确定性和较少知识信息的情况下更加重要，西格利斯特等人（Siegrist et al.，2000）的研究验证了这一交互模式。第二种模式认为情感与认知的交互作用会导致基于自我偏好的合理化，即公众对风险信息的处理会受到信任程度的过滤和影响，公众会有选择性地接受信息和解读信息。当公众缺乏对知识和管理专家的制度信任时，就会抑制其基于科学知识的理性思考能力，从而阻碍科学知识对技术风险感知发挥影响；反

之，当公众的制度信任度较高，信任专家的能力与职业道德，信任政府的监管能力与代表民众利益的意愿时，科学知识对技术风险感知的影响力就会增强。国内学者朱依娜和何光喜（2021）的研究发现社会信任机制比理性认知机制更重要，对管理权威系统的信任比对知识权威系统的信任更重要，对科学家的能力信任比对科学家的道德信任更能缓解公众对人工智能的风险焦虑。此外，研究还发现公众对政府官员的信任度是低于科学家的，但是信任政府官员的影响力却高于科学家。

感知知识可以预测公众对新兴技术的感知和支持态度。更多的科学知识可以帮助公民在科学争议中识别错误信息。科学素养较高的人倾向于对科学和技术风险作出理性的判断，换句话说，他们与科学家和专家一起评估风险。公民的知识越丰富，他们认为在技术领域的风险越小。因此，对自己科学技术知识有信心的人比没有信心的人给新兴技术带来更多好处，拥有更多科学知识的人更有可能支持对科学问题的探讨。尊重科学权威是在技术争议中指导公民价值判断的一种价值倾向，对科学权威有高度尊重的人通常认为科学包含政治中立。当科学争议发生时，他们更喜欢信任合法的科学权威，而不是产生独立的想法。因此，尊重科学权威在预测公众对人工智能的态度方面也发挥着重要作用。以往的研究还调查了情绪在风险沟通中的作用，人们通过评估结果和归因偶然的责任来对一个事件产生一般的情绪反应。担心、愤怒和恐惧等负面情绪被发现与风险情况有关，当公众意识到他们的幸福被侵犯时，他们通常会感到愤怒，在低确定性和控制性的情况下，人们通常会感受到与恐惧相伴生的其他心理状态，如担心、担忧和压力。根据压力反应系统，负面情绪促使人们回避威胁或风险，如果无法回避，就会产生防御性愤怒，个体就会做出一些反击行为。

如何运用知识和信任提升公众对人工智能的接受度？信任作为一种社会资本在风险社会的治理中发挥着重要作用，公众的风险感知不是一个纯粹的理性认知过程，而是一个受信任引导的社会建构过程，因此应重视信任的巨大潜力。此外，由于政府权威具有重要影响力，应积极培育和引导公众对政府的制度信任，传递与培育政府的公信力和可信任形象。除信任之外，知识对风险感知也发挥着显著的影响作用，因此应重视科学教育和科普活动，进一步提高公众的科学素养。另外，对人工智能的负面情绪可能会促使人们更详细地阐述该项技术，从而增加人们对风险和利益的认知。

大众媒体对于公众对人工智能态度的形成也具有重要作用，科学传播者和政策制定者必须了解媒体信息如何影响人们对人工智能和相关政策的态度。媒体会复杂地表述新兴技术，虽然专业新闻业的目标是准确和客观地传播新技术，但是其他媒体（例如电视和电影）会夸大新兴技术的灾难性后果，放大其对人类社会的威胁。研究表明，媒体渠道的使用将影响人们看待新技术和有争议的科学问题的方式。从信息处理的角度来看，个体在处理媒体信息时会产生不同的动机，从而导致不同的媒体效应。个人相关性指的是一个话题或问题对个人的重要性，以往研究表明当一个危险事件被认为与个人高度相关时，人们往往会感受到威胁。个人相关性通常是个体系统信息处理动机的直接指标。如果人们认为人工智能具有很强的个人相关性，他们就更有可能仔细审查媒体上关于人工智能的信息，并根据他们自身的评估形成一定态度。一种可能的情况是，具有高度个人相关性的个体更容易受到媒体的影响，因为他们深入接触媒体信息。还有一种可能的情况，个人相关性高的个体会基于更多样化的信息来源形成态度，他们可能会将人工智能媒体信息与出自其他可信来源的信息进行对比，如来自研究机构、正规教育渠道或人际交流的信息。他们可能对媒体关于人工智能的报道持怀疑态度，并抵制媒体的影响，特别是当媒体呈现的大多是观点薄弱的争论和外部信息时。媒体在为公众解释科学进步方面也发挥着重要作用，科学媒体的使用塑造了公众看待和评估新技术的方式。当一项技术涉及潜在的风险时，人们更需要寻求相关的媒体信息。在一个高选择的媒体环境中，人们可以根据自己的需求获得各种不同的信息，但信息的增加并不一定会导致理解力和智力的提升。当接收到的信息量超出人们的处理能力范围时，他们可能会产生信息超载的感觉，从而很难利用这些信息来解决问题或作出决策。因此，媒体信息可能会使公众对创新和新兴技术的反应方式复杂化。在接触到媒体上的相关信息后，人们可能会对新技术产生不同的感觉、情感和看法（Cui & Wu，2019）。

在中国，人工智能的发展得到了政府的支持，并得到了一般媒体的积极支持。但作为一项有争议的技术，应用人工智能的公众不可避免地会与风险产生关联。中国公众担心人工智能的潜在负面影响，从侧面也反映了大多数的人们认为人工智能这项技术的发展是与个人息息相关的，所以才会谨慎审视该技术的优点和缺点。人们对风险和利益的看法并不是相互独立的，人们通常会同时评估一项新兴技术的风险和收益，并将其视为形成态度的参考依据，而个人相关性感知可能会促使人们同时关注一项技术的风险和收益。

媒体使用对利益感知的影响是复杂的，媒体使用与公众对人工智能的积极看法有关，一个可能的原因是传统媒体和网络媒体会报道支持政府决策的重大问题，由于政府支持人工智能，因此媒体可能会从积极的角度来描绘这项技术，从而促使公众意识到人工智能技术的益处而非风险。媒体渠道对利益感知和政策支持的影响也有所不同，具体来说，使用电视和微信获取人工智能信息的公众的态度与他们的利益感知和政策支持呈正相关，但使用报纸的公众的态度与以上两个变量之间呈负相关。一个可能的原因是，不同媒体具有不同的形式（例如，结构、文本和互动性），因此对公众的影响也不相同。报纸大多是以文本形式呈现人工智能，视觉辅助工具有限，其生产严格遵循事实核查和平衡写作等专业标准和程序。因此，阅读报纸上关于人工智能的信息可能会帮助公众避免过度悲观或乐观的看法。电视新闻采用视听材料相结合的形式，以不同的方式呈现人工智能，这可能会放大公众对人工智能的积极看法。在微信上，有大量的新闻内容会受使用者的欢迎，但是大多数的内容并不是由新闻专业人员和专业新闻机构编辑制作的，许多文章往往只是片面的文字，结合多媒体形式，包括文本、声音、图片、动图以及视频等。此类以意见为导向的多格式内容，也可能会加深公众对于人工智能的积极看法，进而影响他们的利益感知和政策支持。此外，研究还发现，个人相关性会影响报纸和电视的使用的情况。个人相关性较高的个体受电视和报纸影响的程度低于个人相关性较低的个体，个人相关性作为一种与认知相关的因素，可以有效减轻电视和报纸使用带来的影响。这意味着具有较高个人相关性的个体会仔细审查媒体内容，并且会进行更具批判性的思考，同时，他们收集的关于人工智能的相关信息可能会更加多元化。因此，电视和报纸对因变量的影响相对减弱。微博对因变量没有主要影响，但交互作用显著减弱，个人相关性较高的个体更容易受到微博相关信息的影响，究其原因可能是微博是一个高度互动的平台，聚集了多方来源的信息和意见，深入关注这个问题的人可能会在该平台上主动搜索他们需要的信息，因此也更易受到它的影响。

　　大众传媒是公众获得关于人工智能知识的主要渠道，网络新媒体是普通民众获得人工智能知识的主要途径，微博、微信、论坛网站等新媒体"生产"人工智能相关知识，公众通过浏览、转发等行为传播扩散人工智能相关知识。智能手机、社交网络、大数据、云计算、人工智能等新一代信息技术的发展，使智能终端带来的网络互连移动化和泛在化、信息处理的集中化以及信息服务的智能化得以无限地放大与发展，将人工智能的专业性和普及性结合起来，使得大众媒体成为公众获得人工智能知识的主要渠道。大众媒体对人工智能知识的传播并不总是积极的，一些公众号在传播人工智能相关知识时，会更注重新闻信息所凸显的社会问题或现象，在传播时会先入为主裹挟一定的情绪，不能够科学中立、全面辩证地看待相关问题，造成了公众对人工智能的非理性态度和放大的情绪，可能会影响人工智能的积极发展。人工智能是由人创造、为人服务的，是人类能力的投影和延伸。它不仅能解放人的体力也能解放人的脑力，大众传媒应树立科学传播人工智能的理念，发挥媒体融合传播的合力，提升传播人工智能的保障能力，联合多方力量形成媒体传播共同体，从而引导公众形成正确看待人工智能的态度。

二、公众对自动化系统的社会态度

（一）公众对自动化决策系统的态度

在数字数据不断增长和人工智能不断进步的推动下，决策越来越多地委托给了自动化过程。自动化决策狭义上是指在没有人类参与的技术手段下进行的决策，在广义上可以被看作在个人数据的数量不断增长和多样性不断提升的情况下，利用算法对其进行处理，进而进行决策（数据驱动）的过程。自动化决策在各个领域应用广泛，包括航空领域。越来越多的研究已经开始调查自动化决策的后果、局限性及其风险。然而，人们关于人工智能自动化决策的看法，特别是关于它的感知有用性、公平性或者风险感知情况的看法还有待探索。探索人们对人工智能自动化决策的看法是至关重要的，因为它是社会技术的产物，是嵌入在特定的社会、制度和组织结构的背景下，具有独立的机制、关系和社会角色的。自动化决策被定义为将算法和人工智能用收集、处理、建立模型和使用数据的方法来做出自动决策的系统，系统会利用这些决策的反馈来改进自身。虽然算法被认为是一组基于特定计算将输入数据转换为期望输出的编码程序，但是我们如何概念化它是由时间、社会和制度环境以及人际交互来决定的。由数据驱动的决策支持系统自带一种隐含的期望，即系统的未来行为将通过算法反馈回路受到决策者行为的影响。当将全自动决策过程纳入管理和治理过程时，通常只传达决策的结果，而没有人类参与决策的空间，最坏的情况可能是这样的系统将背离决定的主题通过在黑箱中使用数据进行决策。

早期研究认为，专家系统比人类建议者更加客观、理性，这种观点是基于统计方法优于人类判断的假设的。这种观点也存在着一些负面影响，基于以上观点，人们对自动决策系统有着较高的期望，因此人们更难接受算法发生错误（即使它的整体性能比人类好），当算法系统出现错误时，更易导致人们对它的不信任。知识是影响公众对自动化决策态度的一个关键因素。研究表明，领域专业知识和一般知识与对自动化决策过程有用性的期望值有关。然而，对于公平性或风险认知而言，领域专业知识与公平性认知没有显著关联。具有更多专业知识的人对于自动化决策系统的实用性持更为乐观的态度，而知识似乎对公平或风险的认知影响更小。线上自我效能与对自动化决策系统的公平性和有用性的较高期望以及较低的感知风险水平相关。个体的线上自我效能越高，也就是说，一个人越相信自己能在网上保护自己的隐私，他就越重视自动化决策系统的有用性和公平性。这一现象是危险的，特别是在自动化决策系统自主运行的情况下，个体无法行使代理的可能性，这种自信很容易让人产生一种错误的安全感，使得人们忽略了行使有意义的控制手段。当比较在特定场景下对自动化决策系统和人类专家作为决策者的看法时，对于更高水平的影响决策，人类专家的决策与自动化决策系统作出的决策相比，态度更加消极。对于正义和健康，人类专家的得分不如自动化决策系统公平。在风险认知方面，自动化决策系统的决策的风险水平更低。对于影响程度较低的决策，人类专家和自动化决策系统在公平性、有用性或风险水平方面无显著差异。但是在正义性方面，人类专家的决策有用性是高于自动化决策系统的（Araujo et al.，2020）。

（二）公众对航空领域自动化应用的态度

自动化广泛应用于航空领域，特别是飞机本身，手动控制已经大量被自动控制取代，以帮助飞行员保持一个高度或航向，更复杂的自动控制系统还能控制飞机自动起飞、降落，或飞到一个指定的导航点。航空业的飞速发展受益于飞行员对自动化的信任，自动化系统通常可以提高效率和性能。休斯（Hughes，2009）的研究探讨了公众对自动飞行的看法，并将对其的态度与对人类飞行员的看法进行了比较，得出自动化系统具有高可靠性，可以提高驾驶技能的结论。除了商业航空之外，自动化飞机系统还有许多其他应用，例如扑灭野火、灾害和应激管理、搜索和救援以及工业应用等。

技术的进步使得无人驾驶飞机的商业飞行成为可能，商业飞行即乘客选择目的地，支付票价后，无人驾驶飞机会沿航线自动飞行至目的地。尽管有这种可能性，但在实现这一点之前，还有许多挑战需要克服，其中很关键的一点就是乘客对这项技术的接受度。自动化是指由系统执行一系列原来由人类执行的任务。在航空等复杂的社会技术环境中，可能涉及的过程包括：数据/信息的选择、信息的转换、决策或行动。自动化不应被看作全有或全无的事物，此外，自动化的决定也不应该取决于它是否可能，而应该取决于它是否合理。在仔细考虑潜在的经济节约和安全改进之处时，需要明确阐明自动化的好处，特别是在自动化失败和需要人工干预时的非常规操作中。自动化在航空领域的使用很普遍，特别是在飞行甲板上，然而，很少有人在引入这类技术之前咨询所有终端用户（如飞行员）。以在商用飞机中引入地面接近预警系统为例，飞行员在这项技术被充分证明有用之前就会使用它，但许多人因为它的不可靠性而忽视或者关闭了它。至今，仍有许多飞行员没有完全了解飞机上的各种自动化技能，如飞往旧金山的韩亚214航班，由于副驾驶员没有准确地设置自动驾驶仪，导致飞机撞上了海堤。

为了保护付费乘客免受可能对安全产生不利影响的商业变化的影响，航空管理机构如澳大利亚民用航空安全局要求航空公司证明拟议的和现有已批准的安全操作标准可以扩展到引进的无人机中。然而，说服航空管理局只是这一过程中的一个步骤，因为航空公司需要向终端用户销售这一新技术。研究调查了预测个人使用或接受自动化意愿的因素，强调了设计在用户界面（即易用性和用户友好性）和感知有用性方面对影响他们决策的重要性。自动化的质量会影响个人接受/使用自动化的决定。先前的自动化经验也与接受新技术/自动化的意愿有关。然而，这些因素的存在也并不意味着新技术一定会被接受。此外，研究者还发现，存在一个临界点，使得用户不再愿意使用自动化或与高水平的自动化进行互动，从部分自动化到完全自动化的连续体，技术取代了人类成为决策者。然而，对于航空公司乘客而言，许多自动化接受的预测因素如感知易用性或用户友好性并没有有效预测他们登上无人驾驶飞机后的行为。相反，诸如信任、自动化质量（即可靠性）、情绪状态、文化背景抑或是先前的自动化接触经验等因素发挥着关键作用。信任是自动化和决策支持系统的关键概念，巴勃（Barber，1983）提供了人机关系中信任的最早定义，并基于三个特定的期望来定义信任：持久性、技术上执行角色能力以及执行责任。关于信任和自动驾驶飞机之间的关系，研究者们也进行了调查，发现参与者对人类飞行员的评价比对自动驾驶仪的评价高，也就是说参与者更信任人类飞行员（Hughes et al.，2009）。赖斯（Rice）等人的研究（2014）也得出了类似的结果，他们要求参与者对他们自己、孩子或同事在飞机上时，对驾驶飞机的信任程度进行信任评分。飞机驾驶者分为三种：飞机上的人类飞行员，没有任何人类干扰的全自动机器，在地面站控制飞机的人类飞行员（即远程操作）。研究发现，无论乘客是谁，与其他两种情况相比，参与者都更信任在飞机上的人类飞行员。

个体的教育水平与其对算法的态度有积极联系，例如，在媒体个性化方面，较低的教育水平对基于用户行为的自动个性化态度表现出更强的负面影响。然而，当涉及群体的算法决策公平性时，个体的计算编程知识水平越高，越易认为由算法参与的决策不公平。对隐私的担心也会影响公众对自动化决策的态度，自动化决策系统是基于个人行为的自动和大规模的数字跟踪数据集，对个人数据隐私的担忧以及个人对自己保护数据能力水平的假设也会影响个体对自动决策系统的普遍看法。

参考文献

方兴东，张笑容，胡怀亮．（2014）．棱镜门事件与全球网络空间安全战略研究．现代传播，36（1）：115-122.

封帅，鲁传颖．（2018）．人工智能时代的国家安全：风险与治理．信息安全与通信保密，298（10）：30-49.

封锡盛．（2015）．机器人不是人，是机器，但须当人看．科学与社会，5（2）：1-9.

傅素芬，陈红卫，夏泳．（2005）．心理健康教育与服务对社区居民心理健康水平的作用研究．中国全科医学，（21）：1773-1774.

高奇琦，张鹏．（2018）．论人工智能对未来法律的多方位挑战．华中科技大学学报（社会科学版），32（1）：86-96.

古天龙，马露，李龙等．（2022）．符合伦理的人工智能应用的价值敏感设计：现状与展望．智能系统学报（1）：2-15.

李廷元，范成瑜，秦志光等．（2009）．基于风险事件分类的信息系统评估模型研究．计算机应用，29（10）：2806-2808.

李潇，刘俊奇，范明翔．（2017）．WannaCry勒索病毒预防及应对策略研究．电脑知识与技术，13（19）：19-20.

刘飞．（2023）．人工智能引发的伦理问题及其规避对策．中国工程咨询，273（2）：54-57.

刘晓，黄希庭．（2010）．社会支持及其对心理健康的作用机制．心理研究，3（1）：3-8，15.

宁庭勇，熊婕，胡永波．（2021）．人工智能应用面临的安全威胁研究．信息通信技术与政策（8）：64-68.

沈昌祥．（2009）．信息安全导论．北京：电子工业出版社.

石琳娜．（2023）．人工智能发展的风险与治理．郑州轻工业大学学报（社会科学版），24（2）：56-62.

孙向军．（2015）．计算机安全漏洞检测技术的应用．电子制作，280（7）：134–135.

吴宗之．（2002）．重大事故应急计划要素及其制定程序．中国安全科学学报（1）：17–21.

杨蓉．（2021）．从信息安全、数据安全到算法安全——总体国家安全观视角下的网络法律治理．法学评论，39（1）：131–136.

俞晓秋．（2014）．信息安全是当今国家安全面临的最大挑战．中国信息安全（4）：119.

袁曾．（2017）．人工智能有限法律人格审视．东方法学（5）：50–57.

张斌，张守明，武宇．（2019）．现代国家安全与科技评估．科技导报，37（4）：6–11.

朱凡．（2016）．信息沟通在企业培训管理中的作用．企业改革与管理，277（8）：84.

朱依娜，何光喜．（2021）．信任能降低公众对人工智能技术的风险感知吗?．科学学研究（10）：1748–1757，1849.

Akhter, S. H. (2014). Privacy concern and online transactions: The impact of internet self-efficacy and internet involvement. Journal of Consumer Marketing, 31(2): 118–125.

Alhakami, A. S., & Slovic, P. (1994). A psychological study of the inverse relationship between perceived risk and perceived benefit. Risk Analysis, 14: 1085–1096.

Araujo, T. , Helberger, N. , Kruikemeier, S. , & Vreese, C. (2020). In AI we trust? Perceptions about automated decision-making by artificial intelligence. AI & society, 35(3): 611–623.

Barber, B. (1983). The Logic and Limits of Trust. New Brunswick, NJ: Rutgers Uninersity Press.

Baron, J., & Spranca, M. (1997). Protected values. Organizational Behavior and Human Decision Processes, 70(1): 1–16.

Brynjolfsson, E., McAfee A. (2011). Race against the machine: How the digital revolution is accelerating innovation, driving productivity, and irreversibly transforming employment and the economy. Language.

Cecere, G., Le Guel, F., & Soulié, N. (2015). Perceived Internet privacy concerns on social networks in Europe. Technological Forecasting & Social Change, 96: 277–287.

Cui, D., & Wu, F. (2021). The influence of media use on public perceptions of artificial intelligence in China: Evidence from an online survey. Information Development, 37(1): 45–57.

Dehghani, M. , Forbus, K. , Tomai, E. , & Klenk, M. (2011). Machine ethics: An integrated reasoning approach to moral decision making. Cambridge:Cambridge University Press.

Douglas, M., & Wildavsky, A. (1983). Risk and culture: An essay on the selection of technical and environmental dangers. Berkeley: University of California Press.

Finucane, M. L., Alhakami, A., Slovic, P., & Johnson, S. M. (2000). The affect heuristic in judgments of risks and benefits. Journal of Behavioral Decision Making, 13: 1–17.

Huang, J., Lee, B. C. Y., & Ho, S. H. (2004). Consumer attitude toward gray market goods. International Marketing Review, 21: 589–614.

Hughes, J. S., Rice, S., Trafimow, D., & Clayton, K. (2009). The automated cockpit: A comparison of attitudes towards human and automated pilots. Transportation Research Part F: Traffic Psychology and Behaviour, 12 (5): 428–439.

Institute,M. K. G. (2017). Artificial intelligence: The next digital frontier?. Information Security and Communications Privacy.

Lee, J. D., & See, K. A. (2004). Trust in automation: Designing for appropriate reliance. Human Factors, 46: 50–80.

Lee, S., & Lau, I. Y. (2011). Hitting a robot vs. hitting a human: Is it the same?. IEEE. DOI: 10. 1145/1957656. 1957724.

Lim, C. S., & Baron, J. (1997). Protected values in Malaysia Singapore, and the United States. Manuscript, Department of Psychology, University of Pennyslvania.

Madeira, T., Melício, R., Valério, D., & Santos, L. (2021). Machine Learning and Natural Language Processing for Prediction of Human Factors in Aviation Incident Reports. Aerospace, 8(2): 47.

Moore, & Tyler. (2017). On the harms arising from the equifax data breach of 2017. International Journal of Critical Infrastructure Protection, 19: 47–48.

Rice, S. , Kraemer, K. , Winter, S. , Mehta, R. , Dunbar, V. , & Rosser, T. , et al. (2014). Passengers from India and the United States have differential opinions about autonomous auto–pilots for commercial flights. International Journal of Aviation, Aeronautics, and Aerospace, 1004.

Siegrist, M., Cvetkovich, G., & Roth, C. (2000). Salient value similarity, social trust, and risk/benefit perception. Risk Analysis, 20(3), 353–362.

Tetlock, P. E. (2000). Cognitive biases and organizational correctives: Do both disease and cure depend on the politics of the beholder? Administrative Science Quarterly, 45(2): 293–326.

Waldmann, M. R., & Dieterich, J. (2007). Throwing a Bomb on a Person Versus Throwing a Person on a Bomb: Intervention Myopia in Moral Intuitions. Psychological Science, 18 (3): 247–253.

Wallach, W. , & Allen, C. (2008). Moral machines: teaching robots right from wrong. New York: Oxford University Press.

第九章
生态安全与资源环境安全应急管理心理学

第一节 生态危机

一、生态安全的重要性

生态问题和资源环境问题已成为当今国际社会关注的焦点问题。生态安全是指人能在满足自身和群落的生存与发展需求的同时，不破坏自然生态环境的修复力，人类赖以生存的生态环境不受生态条件、状态及其变化的胁迫，处于正常的生存和发展状态。我国现阶段生态、环境和多项资源处于不同程度的危机状态。近年来，我国在经济发展方面取得了重大成就，但是经济的飞速发展是以过量的资源消耗和环境破坏为代价的，结果导致我国现阶段生态、环境和多项资源处于不同程度的危机状态。在自然界中，物质循环是一个封闭的系统，其中一些过程产生的物质会被其他过程所吸收或利用。然而，在人为干预的生产系统中，由于过度追求生产效率和专业化，导致在生产过程中只有极少部分天然物质被有效利用，而大部分都作为"无效产物"直接排放到生物圈中。

党的二十大报告再次强调了生态环境保护的重要性，提出要"深入推进环境污染防治"，并且要坚持精准治污、科学治污、依法治污，持续深入打好蓝天、碧水、净土保卫战。这表明了我国将继续加大环境保护力度，努力实现生态环境质量的持续改善，让良好的生态环境成为人民幸福生活的增长点。近年来我国针对生态环境的保护措施已经取得了成效，但也能看到，局部生态功能退化趋势还没有完全得到遏制，生态安全的基础还不够牢固。主要表现在以下三个方面：第一，2023年，我国气候状况总体偏差，暖干气候特征明显，涝旱灾害突出。第二，我国气候持续变暖的趋势也日益明显。2023年全国平均气温10.71℃，较常年偏高0.82℃，四季气温均偏高。夏季，中东部高温过程出现时间早、影响范围广、极端性强。第三，我国暴雨洪涝、台风灾害偏重，干旱、强对流、低温冷冻害和雪灾损失相对较轻。据应急管理部统计，2023年，全国气象灾害造成农作物受灾面积1053.9万公顷，死亡失踪537人，直接经济损失3306.0亿元。全国出现区域暴雨过程37次，55个国家气象站日降水量突破历史极值，部分省（区、市）遭受暴雨洪涝灾害。

从以上数据可以看出，我国环境问题仍然严峻，保障生态安全是维护国家安全和社会稳定的首要任务。在总体国家安全的建设中，生态安全与经济安全、政治安全、社会安全等议题紧密相关，相互影响，相互作用。生态安全是国家安全和社会稳定的重要组成部分，它与政治、社会、军事和经济安全一样，都是事关全局，影响范围极广的问题。因此，保护生态环境是维护国家安全和社会稳定的重要措施。此外，生态安全的全球性和跨国性也会对国家政治安全构成挑战，一些发达国家以保护环境为名干涉其他国家的资源开发利用，以投资为名将一些污染企业转移到技术落后的发展中国家。以往许多战争的起因都是扩大领土和争夺重要的战略资源，未来也有可能因争夺土地、水和能源等资源而引发战争。生态安全不是微观主体或市场自发作用的领域，其影响产生的时间和后效都十分长远，这提示人类需要对此类问题做出提前预警并付出超前努力。

二、生态环境与人类行为

生态环境是由多种物质构成的，其中包括空气、水、土壤、岩石矿物、太阳辐射、植物、动物等，这些物质相互联系、相互作用，共同构成了一个复杂的生态系统。人类与生态环境有着密切的关系。人类也是生态系统中的物种之一，生态环境为人类提供了生存所需的空气、水、食物等资源。人类社会的发展离不开对生态环境中物质资源的利用，人们会开采矿产资源，建设水利工程，开垦土地，种植农作物，捕捞渔业资源等，以满足人类社会的生产和生活需要。

生态环境与人类的关系是相互影响和相互制约的，总体来说可以概括为以下三点：第一，生态环境是人类活动的基础。人类是在一定的自然环境下进行活动的，环境条件会对人类活动产生深远影响，甚至会起到制约作用。不同地区的环境条件不同，导致人类耕种的农作物、生产方式以及生活方式也不相同。环境条件对人类活动的影响主要体现在以下几个方面。首先，环境条件决定了人类能够耕种的农作物种类。例如，在温暖湿润的地区，人们可以种植水稻、甘蔗等作物；而在寒冷干燥的地区，人们只能种植小麦、玉米等作物。其次，环境条件也影响着人类的生产方式。例如，在水资源丰富的地区，人们可以发展水产养殖业；而在水资源匮乏的地区，人们只能发展旱地农业。再次，环境条件还影响着人类的生活方式。例如，在气候温暖的地区，人们可以全年穿着短袖短裤；而在气候寒冷的地区，人们需要穿着厚重的棉衣来御寒。第二，在人与生态环境的关系中，人类具有主观能动性。人类可以通过自己的行为对生态环境进行改造，以满足人类的生存和发展需要。然而，这种改造是有限度的。人类对生态环境的改造主要针对那些不利于人类活动和生产的因素。例如，人类可以通过建设水利工程来防止洪水，通过绿化工程来改善城市环境，通过排水工程来防止水土流失等。这些改造都旨在为人类创造更加优越的生存和发展条件。然而，过度的改造则可能会破坏生态平衡，导致生态危机。第三，随着社会和科学技术的发展，人类对生态环境的利用范围在不断扩张，利用程度也在不断加深。

从自然条件、生态资源、生态危机三个角度来看，生态环境对人类行为有着深远的影响。第一，自然条件对人类活动产生重要影响，人们会根据自然条件形成稳定的生活模式。但是，由于自然条件在不断变化，长期细小量的变化积累，会使得自然条件发生明显的质的变化，从而对人们已形成的稳定生活模式产生影响。第二，生态资源的数量和质量会对人类行为产生重要影响。生态资源是人类活动与生态环境联系的纽带，它既有自然性，也具有社会性。在生产力水平一定的条件下，生态资源的数量、质量以及开发利用程度，会对人类的社会发展产生深刻的影响。人们通过生产劳动将生态资源转化为社会物质财富，使得生态资源具备社会属性。随着社会和科学技术的发展，人们对可利用的生态资源的认识也在不断变化，越来越多的自然物质成为生态资源，对生态资源的利用程度也在不断加深。第三，生态危机对人类行为产生了深远的影响。它促使人们更加关注环境保护，更加珍惜资源，更加重视可持续发展。生态危机的发生会导致空气污染、水污染、土壤污染等问题，还会导致气候变化、物种灭绝、森林砍伐等问题，这些问题会间接影响人类的生存。

三、生态危机

生态危机是指生态环境的平衡状态被严重破坏，也是指生态安全的状态被打破，使得人类的生存与发展受到威胁的现象。生态危机表现在很多方面：①在北半球人口过密的地区，臭氧层已快速减少为原来的一半；②大气中二氧化碳的含量持续在增长；③世界范围内森林的面积在不断减少；④人口总量和人均资源使用量成倍增长。水资源的持续消耗与森林退化最直接的原因就是人类活动，人类活动引发的问题影响到生态圈的方方面面。

（一）生态危机产生的原因

对我国生态危机产生的原因进行分析，主要包括以下三个方面：①资源与环境的综合承载力已处于超载状态。资源与环境的综合承载力是指在一定的时间和空间范围内，生态系统能够承受人类活动对自然资源的开发利用和废弃物排放的最大能力。如果人类活动（生产和消费过程中产生的污染）超出了这个最大承载能力，就会导致生态系统的破坏和环境污染，从而危及人类健康和生命安全。②片面追求GDP增长，忽视人与自然的协调发展，会导致生态安全问题。生态安全的本质是指在一定的时间和空间范围内，人类社会能够持续发展，经济、社会和生态三者之间能够和谐统一。如果盲目追逐GDP增长，而忽略可持续发展和协调发展，会导致环境恶化，使得环境问题爆发，最终影响人类社会的可持续发展。③科学技术发展滞后，难以支撑和解决生态环境问题。经济发展速度与环境科学技术发展速度不匹配，可能会导致环境科学技术发展相对滞后，这样就无法为解决环境问题提供合理有效的知识储备和解决方案（石玉林 等，2015）。

（二）生态危机的心理学根源

上述内容是从环境科学的角度对生态危机产生的原因进行阐述的，生态危机的产生与人类心理学之间也有着密不可分的联系。生态危机的根源在于人性所面临的危机，是人对本性调控的缺乏，是人的欲望的不可控。人性危机在生态危机中主要表现为三个方面：一是人对自己的认识，即人性中"恶"的一面。人性之"恶"之于自然界的表现是征服、占有、支配，人性中的危机倾注在自然之上就表现为生态危机。二是人对自然的认识，即人将自然作为附属的存在物。生态危机作为人活动的产物，是人的作品和现实。三是人对社会的认识，即人对他人的冷漠。人类中心主义思想，它不仅认为人是社会类存在，具有群体的至高无上性，更重要的是认为每个人都将自己置于他人之上，处在群体的最高峰（张子玉，2021）。

从精神分析的角度来看，人类受到潜意识中本能欲望的驱使，可能无法认识或者不愿意认识到自身对自然环境的破坏。当人们感知到环境危机时，会产生焦虑的情绪，这种不舒适的状态使得人类会逃避对环境问题的思考。人类的防御机制会使人类文饰自身的不可持续行为，并继续进行破坏环境的行为。

认知心理学认为，人们在日常生活中对视觉信息的处理顺序优先级高于其他感官信息。然而，许多破坏环境的行为在视觉上并不引人注目，因此人们对这些行为的重视程度不够，常常忽略了对环境的保护。有学者认为生态危机的主要原因是人口增长和过度消费。从心理学角度回溯这两个原因，可以发现它们的本质在于人类对本性调控意识的缺乏和对欲望的不可控。我们需要正视人性的弱点，在了解自身弱点的基础上，采取符合人性的方式改变生活方式，增加环保行为（Winter，2000）。认知心理学试图通过改变人们对环境问题的认知和态度来改变行为，但效果并不理想。

行为主义理论提出两种化解生态危机的方法：一种是刺激控制管理，具体是指通过改变行为线索、示范作用、标准要求与指导来改变行为；另一种是应变管理，是指通过改变强化方式来改变行为。也有学者认为在干预生态危机时，应采取自下而上的方式，路径应为自我转变—系统变化—政策变革（Howard，1997）。

第二节　环境应激

一、环境应激源

随着社会的快速发展，资源枯竭、生态破坏、环境污染问题日趋严重，它不仅影响我们的生存环境，同时也对人们的身心健康造成了严重的损害。在过于拥挤、充斥噪声和污染严重的环境下，人们很容易焦虑、急躁、心态失衡。研究表明，长期处于不利环境中会对人们的身心健康产生不良影响进而引发疾病。环境应激理论把环境中的噪声、拥挤、污染等都看作环境应激源，环境应激源可以分为三类——背景应激源、个人应激源和灾难应激源。

（一）背景应激源

背景应激源指日常生活中持续重复的干扰，如拥挤、噪声、空气污染和工作压力等。这些因素会对人们的身心健康产生不良影响。拥挤不仅与人口密度有关，还与心理因素相关。拥挤会引起生理唤醒，如血压升高、出汗、皮肤电和肾上腺素分泌增加等。同时，拥挤会增加攻击性行为，降低人际良性互动。如，交通拥挤是一个重要的应激源，交通堵塞、混乱和事故极大消耗个体精力和心理资源。长时间处于交通拥堵的环境中可能会使人们感到疲劳和压抑。噪声也是一个重要的背景应激源。人群喧哗、机器轰鸣和交通鸣笛是噪声的主要来源。噪声强度越大、规律性越低、不可控性越高，应激反应越强。长期处于噪声干扰的环境中可能会降低人的学习成绩和工作效率，使人出现失误。此外，噪声环境与肠胃疾病、心血管疾病的发生率呈高相关，还会对个体的社会性行为产生影响。综上所述，背景应激源稳定持续地刺激着人们的情绪状态。长期处于不良情绪状态会干扰人们的正常思维，损害人体免疫功能，对个体的心理产生负面影响，增加攻击性行为发生的可能性。因此，减少背景应激源对于促进人类身心健康至关重要。

（二）个人应激源

个人应激源指个体的应激性生活事件和烦心的日常琐事等，其产生的压力强度不等。这些应激源与个体心理健康之间关系密切。

应激性生活事件包括挫折刺激、内心冲突、生活变故、外部压力和自我强加等。这些具体的生活应激源会对个体的心理健康产生一定影响。例如，挫折刺激可能会导致人们感到沮丧和无助，内心冲突可能会导致人们感到焦虑和矛盾，生活变故可能会导致人们感到不安和恐惧，外部压力可能会导致人们感到紧张和压抑，自我强加可能会导致人们感到自责和内疚。然而，诸多应激源常常作为一个整体直接影响个体的心理健康。这意味着，个体面临的多种应激源可能会相互影响，共同对个体的心理健康产生影响。因此，在评估个体心理健康水平时，需要综合考虑个体面临的多种应激源。

（三）灾难应激源

灾难应激源指的是灾难性事件，如自然灾害、战争、重大技术事故等。这类事件具有以下三个共同特点：①事件发生的偶然性较大，几乎不可能预测及控制；②事件的影响力极大，当事人需要付出很大的努力才能有效应对；③影响范围广，影响人数多。因灾难性事件的不可预测性，大多数关于灾难性事件的研究是以事件发生后幸存者群体的反应为观察对象的。自然灾害会带来身体伤害、心理创伤、财产损失和家庭离散等结果，会对幸存者造成长期的影响，导致他们在心理上和生活上都面临着巨大的挑战。灾难事件可能引发的另一种结果是生活常态遭到严重破坏，舒适的生活状态完全被不适感和身体上的疲劳所取代。情绪状态的不稳定会使当事人感到不可控性增加，做决策的能力减弱，解决问题的行为也会受到干扰。重大技术事故是指核事故、毒气泄漏、火灾、空难、海损等技术性偶发性事件。此类事故发生往往是由于技术出现失控，无规律可循，也不可预测，因而也会对人的控制感造成严重的威胁。这些事故通常会造成巨大的人员伤亡和财产损失，并对社会造成深远的影响。在应对灾难应激源时，需要采取有效措施来帮助幸存者渡过难关。这包括提供心理支持、帮助他们恢复正常生活、提供物资援助等。同时，也需要加强对灾难应激源的预防和减灾工作，以减少灾难带来的损失。总之，灾难应激源是一项严峻挑战，需要我们采取积极有效的措施来应对。通过加强预防和减灾工作，为幸存者提供必要的支持和帮助，我们可以更好地应对这些挑战。

二、环境应激反应

当人们遇到应激事件时，首先会对应激源进行认知评价，当个体感知到某个刺激具有威胁性时，应激过程就发生了。认知评价是指对客观事件、事物的看法和评判。一个事件是否会被个体判断为应激源会受到多种因素的影响，拉撒路等（Cohen & Lazarus，1973）认为，对应激源的认知评价是个体的心理因素（过去知识经验、智力水平、个体动机等）和对这个特定刺激情境的认知因素（刺激的可控性和刺激的可预测性等）共同作用的结果。鲍姆等（Baum，Grunberg，& Singer，1982）的研究将认知评价进行分类，一类评价是以其造成的损坏为基础进行评估的，比如地震中幸存者对地震所作出的评价。另一类评价是以未来的危险为基础进行评估的，比如蔬菜水果中残留的农药可能会对人们的健康构成威胁，预测到潜在的威胁可以让人们尽可能地避免危险的发生，但是这也可能会成为人们的应激源，激活他们的应激反应。约翰逊和利文撒尔（Johnson & Leventhal，1974）的研究表示，人们在接触到应激源之前如果已知一些关于应激源的信息，他们的控制感会更高，当真正接触到应激源时产生的威胁性评价也会减少。这说明，在面对应激源时，获取相关信息能够帮助人们更好地应对相应问题。在日常生活中，每一个个体都在使用不同的策略来应对环境中的应激源。心理学家将应对分为应对资源、应对策略和应对风格三个层次，每一层次的应对都有可操作的特点和事件。例如，在面对压力时，个体可以通过提高自己的抗压能力来增强自己的应对资源，可以采取积极面对、逃避、求助等不同策略来解决问题，也可以根据自己的性格特点选择适合自己的应对风格。

（一）应对资源

应对资源是应对过程中的基础材料。应对资源包括社会的、个体的两种类型。社会性资源是指来自社会的支持性力量，通常是依靠国家力量、社会关系以及社会网络实现的。这些资源能够为个体提供物质和精神上的支持，帮助他们更好地应对压力。个体资源是指个体的信念、价值、自尊、控制感和自我效能感。信念和价值是个人对生活事件意义的看法，它会影响个体对应激事件的评价和判断。自尊是个人对自己的看法和态度，它会影响个体的自我效能感和对环境的控制感。自我效能感是个体对自身的评价，是对个体能否控制事件或对应激源能否做出有效反应的信心，是对应激要求和应激能力之间关系的反映。两种类型的资源可以通过对物质生活条件的满足和精神需求的满足两种途径来给予个体支持。例如，在面对压力时，社会性资源可以通过提供物质援助、心理咨询、社会支持等方式来帮助个体渡过难关；而个体资源则可以通过提高自己的抗压能力、意志力、自信心等方式来应对压力。

（二）应对策略

应对策略指的是个体应对压力的态度、方式和行为。消除紧张是首要的应对方式，紧张是由环境应激源引起的生理唤醒和不适感，常伴有明显的情绪表现。个体可采用渐进放松法、呼吸调整法或自发方法缓解紧张。认知重组指通过改变事件意义来实现对应激源的反应。幽默是典型的认知重组，通过幽默重新定义不幸事件，以新视角观察问题，这种方式能够帮助个体减轻压力，更好地应对困难。环境应激源中常包含解决问题的元素，解决问题能力不足也是构成应激的原因。因此，解决问题是消除应激的关键。个体通过学习解决问题习得策略和方法，问题解决意味着应激源自动解除。应对应激的最后环节是学习社交技能，增加社会交流。社交技能包括人际交往、注意转移、自我暴露和坚持立场等。社会交流指个体通过人际交往获得信息，降低不确定性，寻求社会支持和情感依托，维持心理平衡。注意转移让个体暂离痛苦环境和思想，进行建设性活动，分散注意力。自我暴露指个体向他人开放表达思想，宣泄情感，适度自我暴露可降低心理压力。在面对压力时，人们可以采取多种有效的策略来应对困难和挑战，通过消除紧张、认知重组、解决问题和学习社交技能等策略方式，应对环境压力。

（三）应对风格

应对风格是指个体对应激源的固定反应模式，它是指个体在应激状态时习惯化选择的应激方式。根据个体对应激源的反应方式，可以将他们分为接近者和逃避者，行动者和反应者。接近者倾向于通过积极主动地参与活动来战胜应激源，而逃避者则倾向于通过躲避来规避应激源。行动者倾向于采取积极主动的行动来防止应激源的发展，而反应者则倾向于在应激源出现后做出冲动的反应。心理学家詹尼斯将应对风格分为五种：无冲突的继续、无冲突的改变、抗拒性的逃避、过度警惕和警惕。无冲突的继续是指个体继续过去的行为方式，对外在环境信息和应激刺激不予反应。无冲突的改变是指在面对环境应激源时，个体接受一切合理的建议，无条件采取新的行为方式。抗拒性的逃避是指在应激情境中，个体使用认知和行为的方法躲避环境，如否认、拖延、责备他人、合理化等。过度警惕是一种惊慌反应和冲动决定模式，是由情绪过度唤醒造成的。警惕是个体系统地寻求信息，用灵活的、无偏见的合理方式解决问题，是应对应激情境较为成熟的方式。在面对压力和挑战时，每个个体有自己独特的应对风格，了解自身的应对风格有助于个体更好地管理压力，并采取有效的方法来解决问题。同时，通过学习和实践，也可以培养更加成熟和有效的应对风格，以更好地面对生活中的挑战。

三、环境应激理论模型

（一）刺激—唤醒理论模型

刺激—唤醒理论是一种关于人类对刺激反应的理论，该理论认为，不同的刺激会引发不同的唤醒水平，应激随唤醒水平而改变。强烈的刺激能引发高的唤醒，使个体感到紧张，而弱性刺激会引起较低的唤醒，使个体感到无聊、乏味。此外，刺激源的数量也会影响个体的唤醒水平。当过度的刺激同时作用于个体，超出人们的资源负载时，就会引发个体紧张的状态。这种状态可能会导致个体感到焦虑、压抑和不安。每个人的理想刺激水平是不一样的。由于进化的原因，人们对刺激的需求会随着时间的变化而变化。什么样的刺激会引发个体的应激状态是取决于个体当前的适应水平的。因此，不同个体对于相同的刺激可能会有不同的反应。总体而言，刺激—唤醒理论认为，人类对刺激的反应是由多种因素决定的，包括刺激强度、数量和个体当前的适应水平。这些因素共同决定了个体对刺激的反应，并影响着人们对周围世界的感知和行为。

（二）行为主义理论模型

经典条件反射理论认为，不同的环境刺激会影响不同的态度的形成。这些态度可能具有积极或消极的属性。如果一个态度与某一环境刺激有联系，当这种刺激再次出现时，就会以与之有联系的态度为纽带唤起应激状态。行为限制理论则认为，由于环境产生的影响是人为不可控的，因此人们认为某些力量是无法改变的。个人的行为是受限制的，我们并不能做所有想做的事情，也不能完全掌握自己的命运。行为的限制有些是真实的限制，有些则是人们想象中的限制。行为限制理论常常用来解释灾难性应激场景中的现象。当灾难性应激源出现时，人们会感知到行为控制力的丧失，这会引起个体的习得性无助。经典条件反射理论和行为限制理论都认为，环境刺激和个人态度之间存在着密切的联系。这些理论可以帮助我们更好地理解人类对于不同刺激的反应，并为我们提供一种解释人类行为和应激变化的框架。

（三）适应和认知交互理论模型

适应和认知交互理论模型认为，个体会对具有威胁性的环境刺激做出认知评估。认知评估的结果取决于个体过去的经验、知识水平、心理特征等因素。根据认知评估的结果，个体会做出自发的唤醒和预警反应，寻找应对策略。当应对策略应对成功时，个体就会进入衰竭期。但是，如果应对策略应对不成功，个体需要为此付出相应的适应代价。这些适应代价可能包括降低对应激的反应、行为消耗、降低挫折限度等。

四、环境应激机制

在应激环境下，人们常常使用防御机制，以自我为中介，从有威胁的情境中脱离出来，实现自我保护。防御机制是指人们在面对压力和挑战时，为了保护自己的心理健康和自尊，采取的一种自我保护措施。压抑、否定、合理化、无意识行为以及幻想都是人们用以保护自我的防御机制。当人们处于高度紧张、高压力的应激环境下时，常常会使用这些防御机制，以帮助他们从高度应激和环境压力中得到解脱。

压抑是指将不能被意识所接受的想法、情感和行动压抑到潜意识中。通常情况下，尽管人们很少意识到这种被压抑的欲望和思想，但是它们仍储存在人们的潜意识范围里，使人们产生心理冲突，并且力图从人们的行为中改头换面，以另一种形式间接地表现出来。否定不代表将已发生的痛苦和不幸的事件有目的地忘记，而是对它加以否定，就像它根本没有发生过，拒绝看到或听到事件的真实方面。合理化是指人们以合理的和社会可接受的方式，为不可接受的行为进行辩护，从而用一种"自我"能接受、"超我"能宽恕的原因来代替自己行为真正的原因；这些理由在旁观者看来往往是不客观或者不符合逻辑的，但是个体需要强调这些理由说服自己，以避免精神上的痛苦。无意识行为是指在人们对自身的身心状态不能正确感知、控制感较弱的情况下发生的行为，它直接或象征性地表达了人们的欲望和需求。无意识行为可以帮助个体从不能接受的、冲动的痛苦意识中获得短暂的抚慰，但并不会导致自我顿悟，问题也无法真正得到解决。幻想是指以想象的方式来满足现实中不可能实现的欲望。当个体遇到现实困难时，会因为无力处理问题，而以幻想的方式，使自己脱离现实，在幻想中处理问题，使欲望得到满足。幻想的功能在于防止个体过分紧张，但是过度的幻想会使人们忽略现实生活，整日恍恍惚惚、异想天开，并以想象中的场景代替现实情境，这样会严重影响人们的正常学习、生活和工作。

第三节　生态安全与资源环境的应激服务体系构建和心理危机干预

　　人类科学技术的发展，一方面促进了人类文明的发展和进步，另一方面也影响了人类赖以生存的生态环境的平衡。生态问题的研究实际上是一系列自然科学问题和社会科学问题的整合。心理学的生态学倾向是以人为中心的生态学，即人类生态学。主要观点如下：第一，有机体在生态系统中不是孤立的存在，每个有机体都是在一张复杂的关系网中与其他有机体联系着的；第二，所有有机体都既会受到内部力量的影响也会受到外部力量的影响；第三，生物有机体通过获得一种与周围环境动态互动的关系，表现出趋利避害、向阳生长等行为；第四，在研究方法上，通过观察和记录事物的自然发生状态来发现有机体与环境之间的关系。资源保护应激管理心理学是一门新兴学科，是以人类生态学为基础，心理危机干预为核心，应激服务系统为支撑的心理学研究领域。这一领域旨在通过对人类与环境之间相互作用关系的研究，探讨如何在保护自然资源和维护生态平衡的同时，促进人类社会经济发展和提高人们生活质量。在这一领域中，研究者们认为，人类与环境之间存在着复杂而微妙的相互作用关系。人类社会经济活动对环境造成了巨大影响，但同时环境也对人类社会经济活动产生了重要影响。因此，在研究过程中，需要综合考虑各种因素，并采取多种方法进行分析。例如，在资源保护方面，人们应当采取可持续发展战略，通过合理利用自然资源来保护环境。同时，在应激管理方面，人们可以建立健全应激服务系统，并通过心理危机干预来帮助个体应对多种环境压力。

一、应激服务体系构建

资源危机包括水资源危机、土地资源危机、海洋资源危机等。对资源危机的应激效果依赖于应激服务体系的构建，应激服务体系包括以下五个子系统：信息子系统、预警子系统、决策指挥子系统、支援和保障子系统、恢复子系统。

（一）信息子系统

信息子系统在危机管理体系中承担着重要角色，它是危机管理体系中的信息加工站。信息子系统的主要功能是为决策者提供及时、准确的情报，同时也向人民群众传递适当的信息。信息子系统的作用主要体现在以下三个方面。首先，它能够让民众对资源危机事件和危害程度有理性清醒的认识。通过信息子系统，民众能够了解到危机事件的真实情况，从而做出正确的判断和决策。其次，信息子系统能够使民众了解到决策者为化解危机所付出的努力。通过信息子系统，民众能够了解到政府部门和相关机构在危机事件中所采取的措施和成果，从而增强民众对政府部门和相关机构的信任。最后，信息子系统能够稳定民众的情绪，避免因民众情绪失控和情绪渲染增加决策者的压力，恶化决策环境。通过信息子系统，民众能够及时获得准确、客观的信息，从而避免因为谣言和不实消息而产生不必要的恐慌和焦虑。

（二）预警子系统

预警子系统是一种重要的危机管理工具，它能够在危机事件发生前迅速做出预警并制定预案。预警子系统通过对可能引发危机事件的因素进行分析，确定指标体系，实施重点监控，以便在问题积累到一定程度时，预警系统能够及时发出警报。为了更好地实现这一目标，需要结合实际情况以及国内外资源危机事件的经验教训，制定管理战略计划应急方案。在制定方案时，需要确保方案的可行性、处理效率、人员素质和设备质量。最后，通过模拟危机事件进行模拟演习，不断优化方案，锻炼人员的应变能力，选择最佳处理方案，做好危机事件的应对准备。

（三）决策指挥子系统

决策指挥子系统是危机管理体系的核心，它在危机发生后能够迅速做出选择和反应。这一系统的主要职能是在有限的时间内找到正当、可行的途径，权衡得失、当机立断，尽快控制危机事件的蔓延和发展。支援和保障子系统则是危机事件中的具体实施机构，它负责有效执行决策系统所做出的决策。支援和保障的主要职能是保证在危机事件发生后，决策能够得到社会各个部门的有效配合，从而化解危机。决策指挥系统和支援保障系统在危机管理体系中扮演着重要的角色。前者负责在危机发生后迅速做出选择和反应，后者则负责有效执行决策，以便在危机发生后能够得到社会各个部门的有效配合，从而化解危机。

（四）支援和保障子系统

支援和保障子系统是一个庞大的体系，它包括国家安全、消防、医疗、卫生、交通、社会保障等部门。这一系统的主要职能是在危机发生后有效贯彻决策指挥系统的决策，在最短的时间内调动资源来应对危机。评判支援和保障子系统的关键在于它能否有效贯彻决策指挥系统的决策。在危机发生后，支援和保障子系统需要迅速调动资源，以便在最短的时间内应对危机。

（五）恢复子系统

恢复子系统是在危机发生后，为了弥补危机造成的危害和损失，稳定社会情绪，恢复正常秩序，提升公众社会责任感和危机意识而设立的一种机制。它通过多种途径和手段，协调各方力量，努力使社会尽快回归正常状态。在恢复子系统中，新闻媒体系统和教育系统发挥着关键性作用。新闻媒体系统通过理性的宣传引导，帮助公众了解危机发生的真实情况，掌握应对危机的正确方法，从而控制危机进一步恶化，减少经济损失和人员伤亡。同时，新闻媒体还能够通过舆论监督，推动政府和相关部门采取有效措施，及时解决危机。教育系统则通过相关知识的宣讲，培养公众的危机意识和应对能力。它能够帮助公众认识到危机的严重性，树立正确的价值观念和行为准则，从而在危机发生时能够做出正确的选择，为社会秩序的恢复做出贡献。

二、心理危机干预

资源危机事件除造成财产损失、生态环境破坏以外，所造成的心理危机还会给人们带来持续而深刻的痛苦。资源危机事件发生后，政府或有关机构会立即组织心理治疗团队，前往事发地点开展心理救援，在当地进行心理干预工作。心理干预是指个体通过调动自身的可用资源（包括物质资源、社会性资源、个体资源等）来重新建立心理平衡或恢复到危机事件发生前的心理平衡状态的咨询和治疗过程。心理危机干预的主要目标是缓解急性、剧烈的心理危机和降低创伤的风险，稳定和减少危机或创伤情境引发的严重后果，促进个体从危机和创伤事件中康复（Everly，1999）。根据危机事件发生后的心理变化的不同阶段将心理干预模式总结为以下四种类型：

（一）平衡模式

平衡模式认为危机中的人处于一种心理失衡的状态，自身原有的应对机制和解决问题的方法不能满足当下的需求，平衡模式的干预目标在于帮助个体重获平衡状态。具体来说，干预者会通过与个体进行交流，了解个体的需求和困难，寻找个体心理的失衡点，解决心理冲突。通过这种方式，个体能够逐渐恢复心理平衡，减轻不适应症状。

（二）认知模式

认知模式认为心理危机由人们对于危机事件或创伤的错误认知和信念造成。认知模式的干预目标在于通过改变错误的非理性认知、思维方式和自我否定，让个体重新获得对生活的控制功能。干预者会帮助个体识别和改变错误的认知和信念，并引导个体建立正确的思维方式和积极的自我形象。通过这种方式，个体能够逐渐摆脱错误的认知和信念的束缚，重新获得对生活的控制能力，减轻不适应症状。

（三）心理转化模式

心理转化模式认为人是遗传和环境学习交互作用的产物，危机是由心理、社会、环境因素共同作用引发的。心理转化模式的主要目的是评估与危机相关的内外部因素，帮助个体利用环境资源、寻求社会支持，进而调整自身的应对方式，获得对生活的控制感。干预者可以通过帮助个体找寻资源、使用资源，进而找到适当的应对方法和解决问题的途径。

（四）支持资源整合模式

支持资源整合模式是一种社会资源工程模式，它包括教育、支持和训练。该模式的作用方式在于当危机干预人员资源有限时，通过训练团体领导、社会服务人员等提供最初的危机干预以减轻个体情感上的痛苦，从而最大程度地利用团体内的心理健康资源。综合全面的干预系统是另一种重要的支持资源整合模式。危机发生后，通过建立电话危机服务、上访危机服务、移动危机服务、与危机爆发区保持实时联系以及对突发事件的应激管理等五种形式相结合的综合全面的干预系统，有效地应对突发事件。此外，建立公共心理健康反应联合体也是支持资源整合模式的重要组成部分。公共心理健康反应联合体主要目的是为军方、红十字会、当地心理健康机构和其他机构提供网络信息交流的机会以及预防不同机构之间的重叠服务。通过这种方式，可以更好地利用社会资源，为个体提供更加全面、及时和有效的帮助。支持资源整合模式是一种有效的社会资源工程模式，它通过教育、支持和训练，建立综合全面的干预系统和公共心理健康反应联合体，能够更好地应对各种突发事件，为个体提供更加全面、及时和有效的帮助。这种模式值得进一步研究和推广。

三、危机干预的社会生态系统理论

社会生态系统理论是一种用来研究人类行为与社会环境之间相互关系的理论。它将人类所处的社会环境，如家庭、社会机构、团体和社区等，视为一种社会性的生态系统。该理论强调生态环境对于理解人类行为的重要性，并关注人与环境中各个系统之间的相互作用以及这些相互作用对人类行为的影响。查尔斯·萨斯特罗（Charles Zastrow）指出，每个人都处于一个完整的生态系统之中，这个生态系统由一系列相互联系的因素构成，包括家庭系统、朋友系统、职业系统、社会服务系统和政府系统等。人是与这些生态环境系统互动的主体，既受到不同社会系统的影响，也积极地与其他系统发生相互作用。萨斯特罗将人的社会生态系统分为三种基本类型：微观系统、中观系统和宏观系统。微观系统指的是社会生态环境中的个体，即一种生物学上的社会系统类型，也是一种社会心理学上的社会系统类型；中观系统指的是小规模群体，包括家庭、职业群体和其他社会群体；宏观系统则指更大规模的社会系统，包括社会、机构、组织和文化群体。在人类生存环境中，微观、中观和宏观三种类型的社会生态系统总是处于相互影响和相互作用的状态。个体的行为受到家庭成员、家庭环境和家庭氛围的影响，也受到个体所属职业群体和其他社会群体的影响；同时，个体的行为也会对这些群体产生影响。宏观系统中的公共价值观和社会工作对象也对个体产生影响，决定着个体需要获得的资源或服务。

生态系统理论认为危机是在整个生态系统中产生的，并且危机会影响并改变整个生态结构。该理论将危机置于一个完整的生态系统中进行考虑，将个体、事件、环境和社会生态系统看作一个整体。危机干预遵循生态系统理论的理念，与心理社会转变模式相同，认为人是遗传因素和环境学习共同作用的产物。危机可能与内部和外部矛盾有关。危机干预旨在与求助者合作，确定与危机相关的内外部矛盾，并帮助他们选择适应环境的行为、态度和资源使用方法。通过结合适当的内部应对方式、社会支持和环境资源来帮助个体重新获得对生活的控制感。心理社会转变模式认为危机不仅仅是一种内部状态，同伴、家庭、职业、宗教和社区等外部因素也都对个体心理适应产生影响。要解决问题，个体就需要了解这些外部因素是如何影响他们对危机的适应的，并了解这些因素所处系统的发展变化规律。这样，才能从根本上解决问题。在实际应用中，生态系统理论可以帮助我们更好地理解危机发生的原因，并为危机干预提供指导。

参考文献

石玉林，于贵瑞，王浩等．（2015）．中国生态环境安全态势分析与战略思考．资源科学（7）：1305-1313.

张子玉．（2021）．生态幸福何以可能——从人与生态危机谈起. 道德与文明（5）：122-128.

Baum, A., Grunberg, N. E., & Singer, J. E. (1982). The use of psychological and neuroendocrinological measurements in the study of stress. Health Psychology, 1(3): 217-236.

Cohen, F., & Lazarus, R. S. (1973). Active coping processes, coping dispositions, and recovery from surgery. Psychosomatic Medicine, 35(5): 375-389.

Everly, G. S. (1999). Emergency mental health: An overview. International Journal of Emergency Mental Health, 1(1):3-7.

Howard, G. S. (1997). Ecological psychology: Creating a more earth-friendly human nature. Indiana: University of Notre Dame Press(161): 268-938.

Johnson, J. E., & Leventhal, H. (1974). Effects of accurate expectations and behavioral instructions on reactions during a noxious medical examination. Journal of Personality & Social Psychology, 29(5): 710-718.

第十章
突发重大公共卫生事件应急管理心理学

　　突发重大公共卫生事件是指在一定范围内突然发生的、对公共卫生安全造成严重影响并需要立即采取应急措施来控制、预防和消除的事件。这些事件通常涉及传染病暴发、大规模食品中毒、生物安全事故、自然灾害引发的健康危机等。突发重大公共卫生事件主要有以下几个特征：①突发性。突发重大公共卫生事件通常在短时间内发生，对公众和社会产生突如其来的影响。②严重性。这些事件对公共卫生安全造成重大威胁，可能导致大规模疾病传播、伤亡和社会恐慌。③必要性。采取紧急措施是应对这些事件的关键，以控制疾病传播、减少伤亡、保护公众健康和社会稳定。④复杂性。突发重大公共卫生事件涉及多个方面，如医疗资源调配、疫情监测、疫苗研发、社会宣传等，需要多部门协同合作。

　　历史上发生过一些重大的突发公共卫生事件，如1918年大流感、2003年非典型肺炎（SARS）、2009年H1N1流感、2014年西非埃博拉疫情等，这些事件在全球范围内引起了巨大的关注，也促使各国加强了公共卫生防控能力和紧急应对机制。2019年底2020年初，中华大地遭遇了中华人民共和国成立以来在我国波及范围最广、传播速度最快、防控难度最大的突发重大公共卫生事件——新型冠状病毒疫情。面对这场人类与病毒的攻坚之战，党中央和国务院高度重视，习近平总书记亲自领导、亲自指挥、亲自部署，各级党委和政府有关部门迅速研究，切实采取应对疫情的防控措施。全国各族人民团结一心，取得了疫情防控的阶段性胜利和决定性成果。

自2003年"非典"疫情以来，我国对于公共卫生安全与应急管理的重视程度迅速提升（王郅强，张晓君，2018）。突发公共卫生事件的有效应对事关人民健康幸福与国家安全发展，是推进国家与社会治理能力现代化的重要体现。党的二十大报告中提出："重视心理健康和精神卫生。"这对新时代做好心理健康和精神卫生工作提出了明确要求。近年来，心理健康和精神卫生工作已被纳入全国深化改革和社会综合治理范畴，心理健康和精神卫生是公共卫生的重要组成部分，也是重大的民生问题和突出的社会问题，这项系统工程需要从公众认知、基础教育、社会心理、患者救治、社区康复、服务管理、救助保障等全流程方面加大工作力度，以适应人民群众快速增长的心理健康和精神卫生需求。围绕突发公共卫生事件应急管理反映的心理问题与公共卫生应急管理体系的心理建设等问题，相关议题设置、标志性概念的界定以及解决方案的提出不仅能够丰富既有的公共安全应急管理体系理论，同时还能深度服务于突发公共卫生事件应急管理的体系建设，让心理科学在社会公共安全治理中发挥自身的价值与优势。

第一节 突发公共卫生事件应急管理的心理问题及其机制探索

根据公共安全的三角形理论模型，疫情承灾载体既是疫情事件的作用对象，也是疫情应急管理的保护对象（范维澄 等，2009）。"人"是最脆弱且最重要的承灾载体，一方面，人类不仅承担着病毒感染带来的生命财产损失，同时面临着心理与精神健康的威胁；另一方面，人类社会所蕴含的灾害要素（如谣言）能够在原生事件的基础上，在事故链原理作用下进一步导致社会恐慌、群体焦虑等社会衍生事件（刘奕 等，2017；Ebrahim & Behrouz，2018）。因此，立足于公共卫生事件的一般演化过程（潜伏期、发生发展期与消亡期）（席恒，张立琼，2020），掌握应急管理主体与对象两类人群的现实心理问题及发生机制，在问题聚焦与资源整合的基础上采取科学高效、及时得力的管理工具与手段，有利于降低疫情的破坏作用，实现应急管理的工作目标。

一、公共卫生事件的潜伏期：应急准备与风险沟通

（一）管理主体的风险感知水平

高度的不确定性、变化的多样性与处置的紧迫性是突发性公共卫生事件的主要特征。除了保障应急物资的足量储备与物资调配渠道畅通之外，治理突发公共卫生风险认知能力的提升同样不容忽视。风险感知是指人们根据各类危险情境线索，结合对自身应对风险能力的考量形成的对于风险因素的主观感受与评价，是一种与风险评估倾向和风险应对联系紧密的心理特质（Trankle et al.，1990）。风险感知能够通过风险线索敏感性、危险态度、情绪体验、应对动机等因素对应对风险方式及结果产生影响。具体到突发公共卫生事件情境下，倘若决策部门及相关人员缺乏一定的风险感知水平，则有可能忽视潜在的疫情风险征兆，在盲目乐观与麻痹大意的心理状态下，降低对于疫情线索的警惕程度与应急处置的准备力度，最终无法在疫情的萌芽阶段形成必要的战时状态，错失遏制疫情的宝贵时机。从疫区疫情直报系统"失灵"到疫情研判及信息发布滞后等现象看出，风险感知水平的不足或许是疫情防控事故链背后的心理因素。

同时，在国家应急管理与常态管理协同促进、时代不确定性与风险性水平越来越高的现实背景下，提升应急管理工作人员的风险感知水平，使其能够"未雨绸缪，有备无患"，有利于疫情应对模拟训练、公共卫生知识科普宣传、区域协同等能力训练投入力度的加大，并为日常演习培训的内容设置与相关人才选拔的指标体系设

置提供参考。

（二）民众的风险意识与公共卫生意识

在建立专业人员风险认知体系的同时，围绕普通民众风险意识的系统培训与科教宣传同样是潜伏期应急管理的长效举措。基于对一段时期内潜藏公共卫生风险的全面认识，民众能够意识到疫病防控的重要性，客观评估身体素质与健康状况，进而寻求、关注公共卫生知识与疾病预防常识，培养良好的卫生习惯。风险感知作为与风险决策有关的行为倾向，容易受到文化环境与群体价值观的影响（Chen et al.，2013；Roberts et al.，2016）。根据社会认同机制，人们倾向于同群体内居于主导地位的成员就特定问题的观点与态度保持一致（Cohen，2003）。相应地，不同个体在各自亲身实践的基础上形成的对于客观疫情风险评估的结果以及对相应的公共卫生预防常识的认可，将进一步形成有利于风险沟通与安全教育的人际氛围，让个体认识上升为群体共识，带动更多个体、群体融入风险认识、卫生常识与安全意识的社会培养体系。

二、公共卫生事件的发生发展期：预警预案与综合治理

（一）应急治理能力的现代化

公共卫生应急治理现代化包含治理体系与治理能力两个方面。应急治理体系是指涉及公共卫生应急管理的各项政策法规，如公共卫生突发事件总体应急预案、突发公共卫生事件应急管理组织体制、规范突发公共卫生应急管理的法制体系等。应急治理能力则指应急管理主体的各项能力素质。应急治理体系与应急治理能力相辅相成，只有提高专业人士的应急治理能力，才能充分发挥应急治理体系的效能。

根据人—职匹配理论，每一种职业均因其工作性质、环境、条件、作业方式不同，而对工作者的能力、知识、技能、性格、心理

素质等有不同的要求（Emmerich，Rock，& Trapani，2006）。换言之，与工作任务内容相适应的知识技能能够为问题的解决提供必要的理论基础。从理论上讲，应急治理主体在应对突发公共卫生事件过程中的影响力度和所取得的实际效果与其应急治理能力密不可分。尽管与一般社会治理一样，应急管理主体存在多元化特征：不局限于各级政府职能部门工作人员，还包括医护人员、非政府组织人员等，但主体的应急治理能力总体上可以分为两个层面："智力因素"和"非智力因素"。其中，"智力因素"主要包括专业知识技能与一般工作能力，"非智力因素"主要指反映个性品质与职业倾向性的职业人格特征（如工作动机、职业价值观等）。例如，国内研究者基于"情境—任务—能力"的应急准备胜任力模型认为，参与应急准备与应急响应任务的专业人员需要具备的一般工作能力包括四项：预案制定能力、风险管理能力、公众应急准备和参与能力，同时认为于公共卫生应急领域的专业知识技能包括公共卫生实验室测试能力、环境卫生及病原的传播控制能力、隔离与检疫能力、病患激增应对能力等（范维澄 等，2018）。非智力因素层面的研究主要关注管理主体的领导风格、职业承诺、心理契约、工作价值等要素。

（二）舆论信息治理与引导

传媒信息是公众健康的重要信源。突发公共卫生事件发生之后，官方媒体需要将权威发布信息进行广泛传播，让公众在了解事实真相的同时，积极进行有关议题的深度关注与思考；社会公众则需要借助信息对外部环境进行判断，调整自身心态与行为。公共卫生事件下的社会心态将直接影响社会稳定，而社会心态在很大程度上受到公开与传播的信息的影响。因此，应急管理者在处理突发公共卫生事件的同时，也在打响信息治理与舆情监控的战役，应急管理主体的舆论引导以及相应的信息公开与传播同样是公共卫生事件应急管理的重要议题。

新闻框架是指新闻受众在长期与传媒信息互动的过程中形成的对特定报道题材与方式的固定感知与评价方式（Entman，1993）。基于新闻媒体的框架理论，新闻生产者与传播者在掌握这一信息之后，会结合新闻内容选择迎合大众需要、为大众所接受欢迎的新闻框架加以报道以及阐释新闻内容，从而优化信息沟通的效果（Durrant et al.，2003）。例如，在"假疫苗"事件的报道过程中，相比于凸显受害者、生产厂家与政府部门三者冲突的冲突新闻框架，责任框架（对相关负责人进行问责，追究有关部门的责任）与信息补偿框架（专家出面科普"假疫苗"的鉴别方法）更有助于增进受众对于医学知识的认识与了解，提升应对类似问题的控制力与自我效能感，修复受众对医疗及有关部门的信任，避免社会信任危机与群体恐慌情绪的出现（罗坤瑾，2020）。

另外，站在情境危机沟通理论（Situational Crisis Communication Theory，SCCT）的视角，当前公共卫生事件的严重程度不仅能够直接影响有关责任部门的信誉，还可以通过公众对于危机事件的责任归因结果（如：危机事件是否能够归咎为某一相关部门的直接责任？）间接影响公众对于责任部门的态度与评价，而这一过程还会受到责任部门回应方式的影响（及时回应处置还是百般推卸责任？）（Coombs，2007；Hazleton，2006）。尽管存在不可控与不确定因素，但是有关责任部门的失职与失误体现了突发公共卫生事件的人为性。因此，相关职能部门不可避免地会受到公众的问责。研究表明，面临较高程度的部门责任归因、受到公众质疑的责任单位及个人应当尽快采取富有调和性、较高的责任接受度的回应策略，及时表达对于受害方的关心并做出相应问题的情况说明与应对计划，同时在回应过程中，可以增加情绪渲染力，采用具有"人情味"与"接地气"的表达方式，避免"打官腔"与冰冷的陈述，充分体现人文关怀与民情体恤，从而促进公众积极情绪体验的产生，减少来自公众的批评，争取最大程度的宽恕与谅解（Coombs，2010；Jin，Pany，& Cameron，2007）。

（三）负性心理效应的产生

以新冠疫情为例，民众在遭受疫情带来的生理威胁的同时，其心理与精神层面健康状态同样会受到不同程度的损伤。在潜在感染风险、长期居家隔离、停业停课等压力源的作用下，个体会在认知、情绪、行为的不同层面出现应激反应。

1. 认知层面

首先，出现疑病现象。民众在高度关注疫情动态进展的同时，在文化易得性的作用下，出现风险感知过高的现象（Pohl，2012）：产生潜在病患数量高于实际的感知结果，高估了疫情感染的可能性，过分担心自身的健康状况，产生不必要的担忧和顾虑。其次，主动性与控制感的缺失。主动性和控制感体现了个体对于自身能够应对当前问题情境的认识与信念，二者能够通过积极情绪体验和适度的动机水平促进积极应对方式的产生（张向葵 等，2002）。个体在长期隔离或与外部环境信息隔绝的情况下，容易出现主动性与控制感的匮乏，从而导致消极生活态度与焦虑、恐惧等负性情绪体验的滋生。再次，社会支持感的降低。社会支持是指个体出于维护个人社会角色与地位的考虑，获得的来自其他社会成员的物质、精神上的支撑与帮扶；社会支持感是个体对于自身具有的社会支持的感知与评估，对于个体应对困境和挑战具有积极作用（闻吾森 等，2000）。疫区人民受到的地域歧视、居家隔离期间的家庭矛盾与孤独感，这些都有可能损伤个体的社会支持感，危及个体的适应行为与积极心态。最后，角色冲突感的增加。受疫情影响，多数职业群体相比于平日需要在同一时间、同一地点同时扮演不同的社会角色（如同时在家线上授课与照顾家人），不同角色任务的对立容易引发个体的冲突感，从而无法胜任角色任务。

2. 情绪层面

通过整理研究者（王可欣 等，2020）在新冠疫情期间开展的大众情绪健康调查结果发现，疫情防控期间大众负性情绪体验较为突出，主要表现为焦虑、恐惧和抑郁。人口统计变量组间差异分析结果表明，在不同年龄群体中，青少年与老年群体伴有更多的消极情绪，可能的原因在于两类人群本身具有较高的消极情绪易感性，其中疫情导致的丧亲是青少年与老年群体精神压力的主要来源之一；相较于其他职业群体，医务人员的焦虑较为突出，与病患的直接接触是其产生焦虑体验的主要压力源。

3. 行为层面

不良行为不仅是应激反应的类型之一，同时在一定程度上是认知应激与情绪应激反应的结果。由疫情压力源导致的应激行为反应通常具有破坏性与反社会特征，例如：自杀、自残、故意伤害、发表不当言论、妨碍公务。应激行为的出现可能成为社会衍生灾害的诱因，加重疫情防控期间社会治理的负担。

（四）社会心理行为的预警预测

社会预防监控系统的建构能够在控制感染源、预防危机事件发生等方面发挥积极效能，除了既有的流行病传染监测与公共卫生政策系统，基于民众社会心理与行为特征监测的预警平台搭建也引起了我国政府与学术界的高度关注（时勘 等，2003）。一方面，民众的不当社会认知与行为有可能引发疫情背后的社会衍生事件，产生灾情的涟漪效应，带来更大范围的社会危机。另一方面，对于民众在疫情防控期间心理与行为指标的密切关注能够为舆论引导与科学干预提供参照信息，在减少社会恐慌的同时，赋予社会大众应对疫情的信心与能力（Atman et al., 1994）。实证研究结果表明，消极社会心理与行为指标主要包括心理紧张度与疫情蔓延预期，积极社会心理行为指标包括积极应对行为与经济发展预期。另外，公开传播的疫情信息是民众进行风险感知与做出应对行为的重要依据，不同类型的疫情信息具备的不同特征能够通过风险感知对个体社会心理与行为产生影响，具体来说，疫情信息的不可控性容易激发个体过高的风险感知，进而出现高估疫情态势与过度紧张等现象；治愈信息等具有可控特征的信息会降低个体的风险感知，需要注意低风险感知下民众麻痹大意的认知状态；反映政府举措的信息能够提升个体对于政府机构的信任与安全感（时勘 等，2003）。上述研究结论不仅为民众提供了社会心态监测的指标依据，同时为政府及媒体部门从事风险沟通提供了工作思路。

三、公共卫生事件的消亡期：危机平复与社会重塑

（一）重点人群的创伤后应激障碍

创伤后应激障碍是指超常灾情所伴随的应激因素引起的具有持续性和延迟性的异常心理反应。根据最新出版的《精神疾病诊断与统计手册》第5版（DSM-5），创伤后应激障碍包括四组核心症状：创伤体验的反复再现、持续回避、认知与情绪的消极改变、警觉性居高不下等（Galea et al.，2005）。在自然灾害或者突发重大事件发生后，长期或反复暴露于创伤应激情境（如奋战在抗疫一线的医务人员）以及创伤体验易感性程度较高（如儿童、青少年与老年人）的个体更容易出现创伤后应激障碍，需要经过更长时间的心理干预才能恢复正常的生活节律。因此，突发事件消亡期的工作重点之一是在政府专业救治的基础上借力和动员社会组织参与心理服务体系建设，通过精准识别重点人群和专业的心理服务，对心理创伤者进行有针对性的心理危机干预，最大限度地消弭突发公共卫生事件对心理创伤易感群体的影响，平复突发公共卫生事件对社会公众心理健康和社会公共秩序的影响。

（二）社会歧视

疫情防控期间，针对湖北省武汉市等疫情重灾区及其居民的标签污名、言语攻击、刻意回避等社会歧视现象成为后疫情时代的积

极社会心态建设的不和谐之声。在疾病歧视与地域歧视的叠加背景下，疫区社会歧视现象的成因较为复杂——既包括过度恐惧、本能保护倾向、人格特质等个体因素，也包括群体身份认同、群体间利益冲突、群体间责任归咎、媒体报道形成的舆论氛围等群体因素。基于疫情导致的社会偏见与歧视现象及其产生机制，有关部门在相关舆论引导过程中通过准确发布疫区信息、触发多重性身份感知、营造包容团结的人际氛围等社会心理路径加以引导（佐斌，温芳芳，2020）。通过科学准确的宣传和教育，向公众传达关于病毒传播和感染的真实信息，这可以消除对特定群体的误解和偏见，减少对他们的歧视。有关组织应该坚决反对和打击对特定群体的歧视言论。加强法律和道德约束，确保公众言论不带有歧视和仇恨。促进开放、坦诚和包容的对话，让不同群体之间更好地理解彼此，这可以通过组织公开座谈会、研讨会、社区活动等方式来实现。建立和加强社会支持网络，提供心理咨询、援助和支持服务，帮助受到歧视的个人和群体。疫情是全人类面临的共同威胁，需要全社会的共同努力应对，通过强调团结和合作的重要性，减少对特定群体的排斥和歧视。在工作场所和学校中建立多元包容的环境，鼓励员工和学生尊重和接纳具有不同背景的人。通过培训和教育，增强多元性意识和包容性思维。法制部门应制定和执行公正的政策和法律，保障每个人的权利和尊严。加强监督和执法力度，防止和惩治针对特定群体的歧视和不公正行为。

第二节 我国公共卫生应急管理体系应对疫情优势背后的心理资本及其价值发掘

立足中国应对突发公共危机事件的成功经历与宝贵经验，分析其中的社会文化心理因素及机制，凝练我国公共卫生应急管理的社会文化心理实质，将有助于进一步明确突发公共卫生事件应急管理指导思路与实践路径，切实服务于我国公共卫生应急管理发展战略，为人类健康与安全事业贡献具有中国智慧与中国精神的理论方案。

一、以人为本，生命第一——超越个人本位的责任意识

新冠疫情发生以来，中国始终坚持人民至上、生命至上，全面加强疫情监测、隔离救治、科学防治等工作，努力实现尽快遏制疫情的目标。中国采取各项措施的目的都是最大程度保障人民的生命安全和身体健康，体现了以人为本、生命第一的原则。一是全面加强疫情监测和预警。中国政府采取了多种措施，包括建立全国性的疫情监测系统、加强口岸检疫和边境管控等，以确保及时发现和应对疫情。二是全力做好患者救治工作：中国政府在疫情发生后立即启动了全国范围内的医疗救援工作，组织了大量医务人员参与救治，采取了一系列科学有效的治疗方案和措施，大大提高了治愈率。三是加强疫苗接种工作。中国是世界上最大的疫苗生产国之一，也是最早开展新冠疫苗接种的国家之一。中国政府积极推动疫苗接种工作，为全国人民提供了广泛的疫苗接种服务。四是科学防治。中国政府在疫情防控中注重科学防治，不断加强科研攻关和国际合作，积极推广科学防护知识，提高公众的自我防护意识和能力。在新冠疫情防控中，中国政府始终把人民的生命安全和身体健康放在第一位，采取了切实有效的措施来保障人民的生命安全和身体健康。这种以人为本、生命第一的原则体现了中国政府超越个人本位的责任意识。

二、资源的系统化管理——包容文化对于创新行为的促进

创新是引领发展的第一动力，是建设现代化经济体系的战略支撑，创新同样是疫情防控关键时期提高监控效率、优化资源配置、提升防控效果的第一动力。借助智慧化、大数据等新型技术灵活调配应急资源是疫情背景下资源系统化管理的具体表现。新型技术在

疫情防控中的广泛应用体现了创新思维与创造力在提升社会治理效能中的引领作用。创造力通常指产生新奇且有用的想法或产品的过程，这一过程有助于突破外部环境条件的束缚进而解决问题（Sawyer，2006）。近年来，大量实证研究表明创造力的提升与包容文化特征有关（Steffens et al.，2016）。同时，传统包容理念得到了组织管理领域学者的高度肯定，"包容"理念开始逐步融入人才开发实践（方阳春 等，2015）。中华民族在历经接触、混杂、联结和融合，形成多元一体格局的历史长河中逐步形成了包容型文化特性。在"海纳百川，兼收并蓄"的包容理念指导下，中华文明能够走进、接触不同领域的文明思想与文化符号，从而保证了中华文化的强大同化力与顽强生命力。包容文化特征在个体层面主要表现为多元文化环境的暴露与接触，即个体有机会并且愿意掌握不同群体或领域的生活方式、价值体系、行为习惯等文化特征。通过了解不同的文化环境特征，个体逐渐能够在不同文明话语体系下自由切换、整合不同思想的不一致、形成更加广泛丰富的经验体系，从而形成系统的、开放的、灵活多元的思维方式与认知特征（黄林洁琼 等，2018）。具备创新思维与创造力的应急管理主体在面对危机情境时，能够迅速识别情境特征，从丰富的经验体系中调取相关信息，形成工作思路，同时根据环境变化随机应变，采取最符合紧急环境特征和最有助于应急任务完成的应对行为。

三、以满足需求为导向的基础组织功能——从"意"入手的社会心理服务

应急管理是一种综合性、系统性的工作，旨在预防、减轻和应对各种突发事件和灾害，保护人民的生命财产安全，并维护社会的稳定和秩序。人民需求作为应急管理工作的出发点和归宿，对于应急管理工作的有效性和可持续性具有重要影响。具体来说，首先，人民是应急管理的主体和直接受益者，应急管理工作的首要目标是保护人民的生命安全。了解和满足人民的需求可以更好地制定应急

预案、组织救援和应对工作，确保在突发事件中及时实施救助，保护人民的生命安全。其次，突发事件和灾害会对社会造成一定的冲击和带来不确定性，而人民对稳定的需求是普遍存在的。应急管理工作需要考虑到人民的需求和心理，及时提供信息、指导和支持，增强人民的安全感和信心，从而维护社会的稳定和秩序。再次，对人民需求的了解可以帮助应急管理部门更好地调配和利用资源。了解人民的需求和优先关注点，可以更准确地确定应急救援的重点和紧迫性，避免资源的浪费和重复投入，提高应急管理工作的效率，达成更好的效果。最后，对人民需求的关注和反馈可以促进应急管理工作的民主参与和提升透明度。及时向人民提供信息，征求他们的意见和建议，将他们作为决策的参与者和监督者，可以增强应急管理工作的合法性和公信力，提高人民对管理工作的满意度和信任度。

应急管理工作如何关照人民需求，从预警和通知到救援、心理支持和重建，涵盖了人民在突发事件和灾害中各个方面的需求，以保障人民的生命安全、满足基本生活需求和恢复正常社会秩序。在预警和通知系统建构层面，治理主体通过建立高效的预警和通知系统，及时向人民发布有关灾害和紧急情况的信息，包括天气灾害、地震、洪水等。这样的系统可以确保人民在灾害发生前能够及时了解到相关信息，采取适当的应对措施，保障生命安全。在应急救援和抢险救灾过程中，应急管理部门会组织抢险救援行动。这时，关照人民需求意味着优先考虑救援被困人员，提供食品、水源和紧急医疗服务等以满足其基本生活需求，并尽快恢复基础设施和公共服务，以满足人民的日常生活需求。当面对损失赔偿和恢复重建工作时，应急管理部门可以帮助评估损失并提供相应的赔偿机制，以减轻人民的经济负担。此外，应急管理工作还应关注重建受灾地区的需求，包括恢复基础设施、住房、教育和医疗服务等，以帮助人民重新建立起正常的生活环境。在信息公开与促进救援参与过程中，应急管理部门应该及时向人民提供有关灾害和应急管理的信息，包括风险评估、应对措施和工作进展等。同时，鼓励人民参与应急管理决策的过程，征求他们的意见和建议，以确保应急管理工作更贴近人民需求、更具公众认可度。

最大限度满足人民群众的需要是"以人为本"的内涵，在应急管理工作过程中做到保障民权、尊重民意、关注民生不仅能够聚焦核心问题，还能有效建构管理者与被管理者之间的理解与信任，提高应急管理工作的落实效率。

以新冠疫情为例，在疫情防控的各项规章政策的落实过程中，执行者通常采取由上而下的贯彻措施，这一做法虽然能在短时间内实现社会整体控制，但可能会抑制公民个体的控制需求，为此基层工作人员通过开设收集提议的平台，在疫情防控期间，鼓励居民积极参与社区管理的活动，从而充分发挥民众在联防联控过程中的自主性并提升其控制感。如，应急管理部门负责向公众传递疫情信息、预防措施和政府政策。工作人员可以通过多种渠道，如官方网站、社交媒体、电视广播等，及时提供权威、准确的信息，回应公众对疫情的关切和需求。在疫情暴发时，应急管理部门组织应急救援队伍，筹备医疗资源，为感染者提供紧急救治和医疗支持。工作人员会根据人民的需求，设立临时隔离点、医疗救治中心等，确保患者能够及时得到治疗和照顾。应急管理部门可以调配物资资源，如口罩、消毒剂等，以满足公众对个人防护用品的需求。工作人员还可以组织志愿者团队，为居民提供购物、配送、生活物资补给等服务，特别是对于老年人、残障人士等弱势群体，关注并满足他们的日常需求。另外，为了促进社区居民对于社区疫情防控工作的理解与配合，避免误会与冲突，基层组织人员一方面以增加居民互动与建立居民情感连接为抓手，满足居民的社会归属需求，进而提升其对社区的归属认同感；另一方面，借助各种"精神家园""疫情共同体"等主题活动，让社区居民探寻共同的精神信仰，满足居民自我实现需要的同时，为基层社会治理提供了精神共识基础。应急管理部门可以与社区居民建立紧密联系，听取他们的建议和反馈。通过开展社区宣传教育、组织居民自助互助活动等，促进公众的参与和合作，让人民感受到他们的声音得到倾听和尊重。

同时，应急管理工作中的心理疏导和支持同样是人民的重要需求之一。这些心理疏导与支持服务可以从以下方面开展。一是设立心理援助热线和咨询服务平台。应急管理部门可以建立专门的心理援助热线，为公众提供24小时心理支持和咨询服务。这些热线接听人员可以由专业心理咨询师或心理医生组成，帮助人们排解焦虑、恐惧和压力，提供情绪管理和心理调适的建议。二是在线资源和指导资源的开发。应急管理部门可以提供在线心理健康资源，如心理自助工具、放松训练音频、应对焦虑的技巧等。这些资源可以提供在官方网站或社交媒体平台上，使公众能够随时获取心理支持和指导。三是心理援助专业人员及志愿者队伍的建设。应急管理部门可以组织心理援助团队或培训志愿者，他们可以在社区、隔离点或医疗机构提供现场的心理支持和疏导。这些团队和志愿者可以与受影响的人们进行面对面的沟通和交流，帮助他们面对困难和恢复心理健康。四是心理健康知识的宣传与推广。应急管理部门可以开展心理健康宣传和教育活动，向公众提供有关应对突发重大公共卫生事件中的心理压力的知识和技能。他们可以通过社区讲座、宣传资料、社交媒体等渠道，传达积极的心理健康信息，增强公众的心理抗压能力。五是社区支持网络的构筑。应急管理部门可以促进社区居民之间的互助，支持网络的建立。他们可以通过组织社区活动，鼓励邻里间的合作和支持，让人们感到他们不是孤立的，共同面对困境，提供情感上的支持和帮助。

第三节　心理建设服务于突发公共卫生事件应急管理的实践路径

突发公共卫生事件应急管理应当以"人"为中心，因而需要充分考虑人的"心理问题"，而要回答与解决突发公共卫生事件应急管理工作过程中的现实心理问题，需要开展突发公共卫生事件应急管理背景下的"心理建设"。突发公共卫生事件应急管理的心理建设是指针对突发公共卫生事件应急管理特定群体，围绕突发公共卫生事件应急管理的特定领域开展的社会心态培育、心理健康服务、心理干预等项目举措。通过对突发公共卫生事件应急管理面临的心理问题以及应对突发公共卫生事件的保护性心理因素的梳理，心理建设在应急管理工作中的重要性得以体现。那么，如何在实践层面解决现实心理问题？如何将应急管理中的心理建设上升为国家战略与落实为系统的实践方案？这些问题同样亟待心理学工作者去探讨与解答。

一、加强多学科协作，开展公共卫生应急管理心理建设的基础理论研究

心理建设在公共卫生应急管理领域的概念内涵、现实价值、宗旨与可行性等理论层面的问题需要首先被加以论证。鉴于应急管理心理建设体系具有多学科交叉的特征，建议在国家、省、市、各基层单位多级应急管理部门建立涵盖医学、生物学、管理学、心理学、新闻学等相关学科的多学科应急管理智库，对心理建设基础理论方面的若干问题进行深入研究和多学科观点集成，通过理论研究的跨域发展提升心理建设研究的原始创新能力，为应急管理心理建设的实践落地提供理论支撑，提高应急管理工作在公众心理健康方面的有效性和可持续性，为应对突发公共卫生事件提供更加科学和全面的支持。

通过建立跨学科的合作机制，将心理学、公共卫生学、社会学、医学等相关学科的专家和研究人员集合成研究团队。这些团队可以共同制定研究目标、方法和方案，整合各学科的理论和实践经验，以全面解决公共卫生应急管理心理建设的问题。在机制确立的基础上，明确研究的重点和目标，可以关注应急管理中的心理健康风险评估、心理干预和支持措施、心理援助和社区支持网络等方

面。通过制定合适的研究课题，有针对性地探索公共卫生应急管理心理建设的基础理论，从而为接下来有关研究的开展提供数据支撑。开展调查研究、实证研究和定性研究，收集与公共卫生应急管理心理建设相关的数据。这些数据可以包括心理健康状况、心理需求、心理支持措施的有效性评估等方面的信息。采用适当的统计分析和质性分析方法，可以帮助人们深入理解和解释研究结果。基于研究数据和文献综述，建立公共卫生应急管理心理建设的理论框架和模型。该框架和模型可以涵盖心理健康风险因素、心理干预策略、心理支持网络和社区参与等方面，为应急管理实践提供理论指导。下一步，将研究成果应用于实践，并与公共卫生应急管理机构、心理健康服务机构和社区合作，推广相关理论和方法。根据研究结果，制定相关政策和指南，为公共卫生应急管理工作提供科学依据和指导。基于理论可持续性和推广性提升的考虑，有关专业团队还需建立评估和反馈机制，对研究成果进行评估和改进。通过与实践合作伙伴的密切合作，及时了解实践中的需求和问题，并进行相应的调整和改进，以确保研究成果的实际有效性。

二、聚焦多群体需求，设计公共卫生应急管理特定群体的心理建设思路

公共卫生应急管理的主体与对象人群在公共卫生事件中面临着不同的现实心理问题，因此不同群体的心理建设需求可能存在差异，例如，应急管理人员侧重于专业胜任力与职业价值观，而卫生意识与安全意识的提升是社会公众的心理建设诉求。

为此，需要建立针对特定群体的公共卫生应急管理心理模型，有效地满足不同群体的心理需求，提供有针对性的心理干预和支持，促进提升他们的心理健康水平和应对能力。首先，对不同的特定群体进行分类和分析，如医护人员、受感染者及其家属、隔离人员、弱势群体（如老年人、儿童、残障人士）、心理健康问题患者等。了解这些群体的特点、需求和心理健康风险，包括他们可能面

临的压力、社交隔离情况等以及可能具有的焦虑、恐惧情绪。其次，针对特定群体，进行需求评估研究，通过问卷调查、深度访谈、焦点小组讨论等方式收集群体的心理需求和挑战。这有助于了解不同群体在应急管理中的心理需求差异，从而有针对性地制定心理干预和支持措施。基于对特定群体的研究和需求评估的结果，建立特定群体的心理模型。心理模型应该包括群体的心理健康风险因素、心理干预和支持的关键要素，以及群体需求和资源匹配的策略。模型可以考虑个体层面、家庭层面、社区层面和制度层面的因素，以全面理解特定群体的心理需求和应对方式。再次，根据心理模型的指导，制定相应的群体心理干预和支持策略。这些策略可以包括心理教育、心理咨询、心理疏导、社交支持网络的建立、心理健康服务的提供等。关注特定群体的特殊需求，确保干预和支持的针对性和有效性。最后，将群体心理模型和干预策略应用于实际的公共卫生应急管理工作中，并进行评估和反馈。与特定群体的实践合作伙伴合作，收集数据并评估心理干预和支持策略的效果和可行性。根据评估结果，及时调整和改进策略，以提高特定群体心理健康支持的质量和效果。

根据不同群体的需求特异性，设计公共卫生应急管理特定群体的心理建设内容有助于更好地照顾和支持社会中的各个特定群体，提高整体应急管理工作的效果和可持续性。以应急管理工作主体为例，基于不同人群在心理建设需求上的多样化特征，一方面逐步提升从业人员的综合应急治理能力：首先，构建突发公共卫生事件应急管理的胜任力模型，并将其作为人才选拔的指标体系与日常应急管理培训的内容参照；其次，建立专业化、科学化、法制化的问责机制，在提升职能部门人员责任意识的同时开展围绕危机事件的反思总结与经验积累，避免简单问责引起的不作为、流于形式等现象。另一方面系统促进社会公共安全、公共卫生与风险管理教育。例如，在义务教育阶段增设有关内容的必修课程、在高等教育院校开展通识教育课程、鼓励公共卫生题材的艺术作品与传媒产品的创作与推广、加强公共卫生应急管理领域专业人才的培养力度等。

三、围绕多领域特征，设计公共卫生应急管理特定领域的心理建设思路

推动公共卫生应急管理心理建设服务于国家安全战略必须落实到公共卫生应急管理的特定领域。为此，心理建设需要围绕应急管理的特定领域的工作目标、情境特征等要素的特异性展开。围绕多领域特征，设计针对公共卫生应急管理特定领域的心理建设思路，为从业人员提供有针对性和有效的心理支持，增强他们的心理健康和应对能力。这有助于提高特定领域的应急管理工作质量和效果，保障从业人员的健康和安全。

为此，要深入了解特定领域的公共卫生应急管理情况，包括领域内的工作环境、职业特点、工作压力、风险因素等。通过与该领域的专家、从业人员和利益相关者的沟通和合作，收集信息，了解他们所面临的心理健康问题和需求。同时，建立多学科的合作团队，包括心理学家、公共卫生专家、领域专家等。通过跨学科合作，整合各领域的专业知识和经验，形成全面的心理建设思路。团队成员可以共同研究心理健康风险因素、心理干预策略和支持措施，以及领域特定的心理建设需求。同时，通过问卷调查、访谈、焦点小组讨论等方法，收集特定领域从业人员的心理建设需求和挑战，了解他们在应急管理中可能面临的心理压力、工作需求、职业倦怠等方面的情况。这些数据将为设计有效的心理建设策略提供基础。基于需求评估结果，制定特定领域的心理建设策略。还应该根据特定领域的特点和需求，针对性地设计心理干预和支持措施。这些措施可以包括心理健康教育、职业压力管理、心理技能培训、心理支持网络的建立等。根据评估情况，将心理建设策略应用于实际的公共卫生应急管理工作中，并进行评估和反馈。与特定领域从业人员合作，收集数据并评估心理建设策略的效果和可行性。根据评估结果，及时调整和改进策略，以提高

心理建设的质量和效果。建立长期的监测机制，持续关注特定领域从业人员的心理健康状况和需求变化。根据监测结果和反馈，不断改进心理建设策略，适应不同阶段和特殊情况下的需求变化。

以突发公共卫生事件预警系统人因设计为例，根据突发公共卫生事件预警系统人因设计的改进需要，人因学研究人员应当根据用户需求分析用户操作特征，提高预警系统的易用性，同时推进预警系统的智能化水平，建立智慧化预警多点触发机制，根据改进设计内容定期开展培训，鼓励新兴设计的推广使用。展开来说，突发公共卫生事件预案预警阶段预警系统人因设计需要考虑用户的安全感和信任度，系统可信度、透明度、可理解性、清晰度、简洁性、可操作性、社会支持、反馈和参与等方面。通过满足这些需求，预警系统可以更好地服务于用户，提供有效的预警信息和支持，促进公众的合作和参与。用户希望通过预警系统获得安全感，知道他们可以在突发公共卫生事件中得到及时警示和保护。预警系统应提供准确、可靠的信息，让用户感到他们的安全得到关注和保障。用户需要对预警系统的信息感到信任，并确信系统会提供真实、准确的预警信息。系统设计应考虑提供可信度高的来源和验证机制，增强用户对预警系统的信任感。用户需要了解预警系统的运作方式和决策过程，包括信息收集、分析和发布的流程。透明的预警系统设计可以增强用户对系统的信任，并提高其参与度和配合度。预警信息应该以用户易于理解的方式呈现，避免使用专业术语和复杂的技术语言。用户希望能够准确理解预警信息的含义和紧急程度，以便采取相应的行动。用户希望预警信息能够清晰、简洁地传达重要信息，避免信息过载和混乱。简明扼要的预警信息有助于用户快速理解和采取相应行动。预警系统应提供明确的操作指引和建议，让用户知道应该采取哪些具体行动来保护自己和他人。用户希望能够获得实用的建议和信息，增强他们的自主性和行动能力。用户在突发公共卫生事件中可能感到焦虑、恐惧和无助。预警系统可以提供心理支持资源和社交支持网络，让用户感受到社会的支持和关怀。用户希望能够提供反馈，并参与预警系统的改进过程。系统设计可以考虑用户反馈的机制，鼓励用户分享观点和建议，以促进预警系统的不断优化，以适应更多用户的需求。

四、发挥心理学优势，开展公共卫生应急管理心理建设实践的效果评估

公共卫生应急管理心理建设实践项目的需求满足情况与社会效益是项目开发团队的重要关切，同时也是服务对象采纳项目与否的关键依据，心理建设实践项目在正式开展之前需要开展效果评估。对此，心理与行为科学研究者不仅需要在理论层面论证实践方案的可行性，还需要根据干预目标、心理与行为效标等内容设置效果的评判标准，提高实践项目的针对性和科学性。

心理学研究和应用，采用了丰富的理论和方法，可以深入了解人类心理活动的本质和规律。在评估中，心理学可以提供科学的测量工具、评估方法和统计分析技术，以确保评估的客观性和准确性。心理学可以关注个体和群体的多个维度，如心理健康状况、心理干预效果、应对能力提升情况、心理支持满意度等。通过综合评估不同维度的指标，可以更全面地了解心理建设实践的效果。心理学重视个体的主观体验和心理过程，可以通过调查问卷、访谈等方法获取用户的主观评价。同时，心理学也能够考虑个体差异的影响，例如个性特征、社会文化背景等，为评估结果提供更加细致和准确的分析。心理学能够深入探究人们的心理过程和心理机制，帮助理解心理建设实践的影响途径和作用机制。通过对心理过程的解读和分析，可以揭示心理建设实践的内在机制，为改进和优化实践提供指导。公共卫生应急管理心理建设的效果评估需要考虑长期效果。心理学可以采用追踪调查、长期研究等方法，对心理建设的长期影响进行评估，从而更全面地了解干预措施的持久性和可持续性。

参考文献

范维澄，刘奕，翁文国．（2009）．公共安全科技的"三角形"框架与"4+1"方法学．科技导报，27（6）：23-27.

方阳春，贾丹，方邵旭辉．（2015）．包容型人才开发模式对高校教师创新行为的影响研究．科研管理，36（5）：72-79.

黄林洁琼，刘慧瀛，安蕾等．（2018）．多元文化经历促进创造力．心理科学进展，26（8）：1511-1520.

刘奕，倪顺江，翁文国等．（2017）．公共安全体系发展与安全保障型社会．中国工程科学，19（1）：118-123.

罗坤瑾．（2020）．我国公共卫生议题的传播学反思——以2005—2018年疫苗事件为分析样本．湖南师范大学社会科学学报，49（3）：75-84.

时勘，范红霞，贾建民等．（2003）．我国民众对SARS信息的风险认知及心理行为．心理学报，35（4）：546-554.

王可欣，徐德翠，贺文凤等．（2020）．新型冠状病毒肺炎疫情期间医务人员焦虑现状及影响因素分析．中国医院管理，40（6）：29-32.

王郅强，张晓君．（2018）．改革开放40年以来中国应急管理变迁——以"间断—均衡"理论为视角．华南理工大学学报（社会科学版），20（6）：70-79.

王俊秀．（2019）．社会心理服务体系建设与应急管理创新．人民论坛·学术前沿，165（5）：22-27.

闻吾森，王义强，赵国秋等．（2000）．社会支持、心理控制感和心理健康的关系研究．中国心理卫生杂志，14（4）：258-260.

席恒，张立琼．（2020）．突发公共卫生事件应急管理的基本问题与关键节点．学术研究，4：1-7.

张向葵，张林，马利文．（2002）．认知评价、心理控制感、社会支持与高考压力关系的研究. 心理发展与教育，18（3）：74-79.

佐斌，温芳芳.（2020）. 新冠肺炎疫情时期的群际歧视探析. 华南师范大学学报（社会科学版），3：70-78.

Atman, C. J. , Bostrom, A. , Fischhoff, B. , & Morgan, M. G. (1994). Designing risk communications: completing and correcting mental models of hazardous processes, part I. Risk Analysis: An Official Publication of the Society for Risk Analysis, 14(5): 779-788.

American Psychiatric Association. (2000). Diagnostic and Statistical Manual of Mental Disorders (DSM-IV-TR). American Psychiatric Association.

Chen, J. Q., Zhang, R. D., & Lee, J. (2013). A cross-culture empirical study of m-commerce privacy concerns. Journal of Internet Commerce, 12: 348-364.

Cohen, G. L. (2003). Party over policy: The dominating impact of group influence on political beliefs. Journal of Personality and Social Psychology, 85: 808-822.

Coombs, W. T. (2007). Protecting organization reputations during a crisis: The development and application of situational crisis communication theory. Corporate Reputation Review, 10: 163-176.

Coombs, W. T. (2010). Parameters for crisis communication. In W. T. Coombs & S. J. Holladay (Eds.), The handbook of crisis communication. Malden, MA: Blackwell.

Durrant, R., Wakefield, M., McLeoud, K., et al. (2003). Tobacco in the news: An analysis of newspaper coverage of tobacco issues in Australia, 2001. Tobacco Control, 12(Suppl. II): 75-81.

Emmerich, W., Rock, D. A., & Trapani, C. S. (2006). Personality in relation to occupational outcomes among established teachers. Journal of Research in Personality, 40(5): 501-528.

Entman, R. M. (1993). Framing: Toward clarification of a fractured paradigm. Journal of Communication, 43(4): 51-58.

Galea, S. , Nandi, A. , & Vlahov, D. (2005). The epidemiology of post-traumatic stress disorder after disasters. Epidemiologic Reviews, 27 (1): 78-91.

Hazleton, V. (2006). Toward a theory of public relations competence. In C. H. Botan & V. Hazleton (Eds.), Public relations theory II(pp. 175-196). Mahwah, NJ: Lawrence Erlbaum Associates, Inc.

Jin, Y., Pang, A., & Cameron, G. T. (2007). Integrated crisis mapping: Toward a publics-based, emotion-driven conceptualization in crisis communication. Sphera Publica, 7: 81-96.

Pohl, R. F. (Ed.). (2012). Cognitive illusions: A handbook on fallacies and biases in thinking, judgement and memory. New York: Psychology Press.

Roberts, S. M., Grattan, L. M., Toben, A. C., Ausherman, C., et al. (2016). Perception of risk for domoic acid related health problems: A cross-cultural study. Harmful Algae, 57: 39-44.

Sawyer, R. K. (2006). Explaining creativity: The science of human innovation. New York: Oxford University Press.

Steffens, N. K., Gocłowska, M. A., Cruwys, T., & Galinsky, A. D. (2016). How multiple social identities are related to creativity. Personality and Social Psychology Bulletin, 42(2): 188-203.

Tränkle, U., Gelau, C., & Metker, T. (1990). Risk perception and age-specific accidents of young drivers. Accident Analysis and Prevention, 22: 119-125.

第十一章
基于"人类命运共同体"构建的
国家总体安全促进

第一节 命运共同体的提出及其对于国家
总体安全的意义

一、总体国家安全观倡导构建人类命运共同体

2013年3月，习近平主席首次提出构建人类命运共同体重大理念。2017年1月，习近平主席在联合国日内瓦总部发表主旨演讲时，全面提出"构建人类命运共同体"方案，强调坚持共建共享，建设一个普遍安全的世界，深刻系统地阐述了人类命运共同体理念。"人类命运共同体，顾名思义，就是每个民族、每个国家的前途命运都紧密联系在一起，应该风雨同舟，荣辱与共，努力把我们生于斯、长于斯的这个星球建成一个和睦的大家庭，把世界各国人民对美好生活的向往变成现实"。在党的十九大报告中，习近平总书记呼吁："各国人民同心协力，构建人类命运共同体，建设持久和平、普遍安全、共同繁荣、开放包容、清洁美丽的世界。"这进一步揭示了人类命运共同体理念的丰富内涵。可以说，人类命运共同体是以习近平同志为核心的党中央，在世界多极化、经济全球

化、文化多样化和社会信息化的新时代，基于"全球增长动力不足，贫富分化严重，恐怖主义问题、网络安全问题、传染性疾病问题"等人类共同安全问题的全球背景，立足中华民族伟大复兴实践，提出的具有"中国智慧"的人类发展价值观，是中国理念引领时代发展、促进人类进步的重要体现（游旭群，2018）。

总体国家安全观倡导构建人类命运共同体，即以共同体促进总体安全。总体国家安全观是运用系统思维将国家安全状态、能力及其过程理解为一个有机系统的观念体系，即从战略和全局的高度看待国家各层面、各领域安全问题，统筹运用各方面资源和手段予以综合解决，实现国家安全多方面内容和要求的有机统一。当今世界，既面临着传统的安全问题，诸如政治、军事安全问题，又面临着诸多非传统安全问题，如经济金融安全、文化安全、科技与信息安全、生态安全、生物安全等。受全球化影响，非传统安全问题具有跨国性，因此，对其的应对需要国际间的广泛合作。可以说，当今世界，唯有立足于人类命运共同体的思想体系下的总体安全观，才是符合和顺应时代背景的。

党的二十大报告提出，中国始终坚持维护世界和平、促进共同发展的外交政策宗旨，致力于推动构建人类命运共同体。命运共同体不仅指一个安全共同体，同时也是经济共同体、文明共同体、生态共同体以及责任共同体（李包庚，2020）。而安全需要作为人的基本需求，是事关人类基本生存的重大问题，也是建设其他共同体的基本前提。

二、人类命运共同体对国家总体安全的积极意义：以生物安全为例

2020年3月11日，世界卫生组织宣布经过疫情评估后认为新冠肺炎已构成"全球性流行病"。此次疫情成为一次重大公共卫生事件，人类生命在此次疫情中遭受重大威胁，全球经济受到重创。事实上，瘟疫所导致的公共卫生危机一直伴随着人类社会发展的进

程，人类的发展史也几乎是一部瘟疫斗争史。比如，公元前430年到公元前427年的雅典大瘟疫、公元164年的安东尼瘟疫、公元541年到542年的查士丁尼瘟疫、14世纪中期开始的欧洲黑死病、15世纪末的美洲天花、1648年开始的黄热病、18和19世纪的霍乱、20世纪初的西班牙流感和俄国斑疹伤寒、20世纪70年代发现的埃博拉以及21世纪初的非典型肺炎等。面对每一次疫情，人类都要面临惨重伤亡和损失。同时，随着全球化进程的推进，每一次疫情都有可能转化为全球公共卫生事件，比如：2003年的"非典"蔓延到32个国家和地区，2009年的"甲型H1N1流感"席卷全球200多个国家和地区，2014年的西非埃博拉病毒扩散至多个国家和地区，2015年，先后有超过70个国家和地区发现了寨卡病毒病例。在全球化背景下，与瘟疫的斗争无法靠一方或一国之力完成，需要各方的共同参与。

从历史看，借助于协作，人类与瘟疫的斗争取得了良好效果。比如，天花病毒在人类历史上造成了惊人的死亡率，然后，在严密精确地协调各国防控工作及分享之上开展了具有历史意义的全球监测和接种运动，1980年世界卫生大会宣布全球根除了天花。寨卡病毒源于非洲，2016年开始在多个拉美国家呈现"暴发式传播"，但在国际合作与协作防控下，寨卡疫苗研发取得了重要进展（赵磊，2020）。再如，1976年以来，世界多地出现埃博拉病毒病例与疫情。由于该病有超高的致死率，所以其每次暴发都会引起巨大恐慌，其中，2014年西非埃博拉病毒扩散规模为史上最大。对此，多个组织和机构联合行动，采取紧急措施，不到一年的时间里，研究人员完成了从首个人体剂量研究到三期药效研究的全阶段试验——正常情况下，这一时间长达六至八年。以上历史事实证明，只要国际社会摒弃"各扫门前雪"的狭隘立场，共同合作，是有能力对抗疫情的。

新型冠状病毒疫情是第二次世界大战结束以来人类经历的最严重的全球公共卫生突发事件。在此次应对危机的国内与国际抗疫过程中，凸显了人类命运共同体对于抗疫的巨大作用，验证了人类命运共同体理念的正确性与超前性。

首先，在国内抗疫斗争中，中国人民形成了强大的命运共同体，与国际社会积极合作，通过卓绝的努力成功抑制住了疫情在国内的迅速蔓延。抗击疫情期间，14亿中国人民，无论何种行业和岗位，同心勠力，自觉投入抗击疫情队伍当中，构筑起了同舟共济的命运共同体，并显示出了共同体的强大力量。《抗击新冠肺炎疫情的中国行动》白皮书中记载，疫情防控期间，数百万名医护人员放下个人安危奋战在一线，用血肉之躯构筑起阻击病毒的钢铁长城。武汉和湖北人民也为大局做出了巨大牺牲，面对近距离的病毒、隔离、城市停摆以及资源缺乏，克服了巨大的压力甚至丧失至亲的悲痛，为国内其他地区以及国际抗疫争取了宝贵时间。社区工作者、公安民警、海关关员、基层干部日夜值守，为保护人民生命安全牺牲奉献。数百万快递员冒疫前行，给人们送来温暖；环卫工人起早贪黑、消毒杀菌；数千万道路运输从业人员坚守岗位，有力保障疫情防控、生产生活物资运输和复工复产；新闻工作者深入一线，记录中国抗疫的点点滴滴；许多民众投入一线志愿服务。正因如此，我国通过传统公共卫生干预方法成功应对了一种新型的未知病毒。当然，中国的抗疫成功也离不开国际援助。据《抗击新冠肺炎疫情的中国行动》白皮书记载，全球多个国家和国际组织为中国抗疫斗争提供了捐赠，包括医用口罩、防护服、护目镜、呼吸机等急用医疗物资和设备。金砖国家新开发银行、世界银行等向中国提供紧急贷款支持。在抗疫过程中，人们用实际行动验证了人类命运共同体理念的正确与超前，诠释了共同体在抗疫过程中的强大力量。

其次，在全球疫情防控期间，中国也用行动践行着共同体理念的落实。中国同多个组织和国家合作，开展疫情防控交流活动，并分享新冠病毒全基因组序列信息、疫情诊疗和防控方案，为全球防疫提供了基础性支持。同时，向国际社会提供人道援助，包括向世界卫生组织提供经济援助、积极开展对外医疗援助、向多个国家和地区以及国际组织捐赠抗疫物资等。另外，为各国采购防疫物资提供力所能及的支持和便利，积极开展国际交流合作、共同研究防控和救治策略。正如很多中方对外提供的援助物资上的寄语所显示的"千里同好，坚于金石""道不远人，人无异国"等，中国人民有着与世界各国人民加强抗击疫情国际合作、共建人类命运共同体的坚定决心。

中国在此次疫情防控期间彰显了大国担当，实践了命运共同体的理念。然而，由于国际社会各国存在政治制度、文化传统、意识形态、价值观等方面的差异，一些国家彼此互不信任，既没有建立国内共同体，也没有形成有效的国际抗疫共同体，从而使民众的生命及财产安全遭受到重大损失。对此，世界卫生组织秘书长谭德塞认为，全球最大的问题不是病毒，而是各国缺乏领导且并不团结。事实上，从欧洲疫情开始之时，就出现相互"截和"医疗资源的情况。欧洲各国开始相继对邻国竖起高墙。国家"高筑墙"的防疫策略虽能暂时解决疫情危机，但很明显各国无法独自应对全球疾病的扩散与其经济后果，倘若一个国家能够有效控制该流行性疾病，而邻近国家失败，那么除非持续管制国界，否则该流行病仍会再度发生。同时，在人类携手抗疫之时，一些国家将更多精力用于"甩锅"推责并以世界卫生组织未尽责任为由对其"断供"，这些行为造成了严重的全球治理问题，扰乱了国际抗疫大局，给疫后国际秩序带来动荡失序的风险。比如，一些国家将疫情视为推进对华战略竞争的一个机会，同时推卸自身责任，指责中国延误信息、瞒报数据，这种污名化行为致使了种族主义高涨。尽管不同国家有不同的政治制度、意识形态、文化、价值观、生活方式以及利益关注，但疫情事关全人类，任何地区和国家都很难独善其身。疫情突如其来，范围空前、速度空前，唯有国际合作才能够有效应对，正如中国国际问题研究院常务副院长阮宗泽所总结的："凡是合作抗疫，抗疫效果都相当不错，凡是搞单边主义、自我优先，抗疫效果就要差一些，甚至出现灾难性状况。"因此，形成国际抗疫共同体是十分必要的。

面对一个全新的病毒，我们的认知十分有限，要尽早战胜病毒需要各国的通力合作。现实已告诉我们，单打独斗、推卸责任、零和思维只会让疫情愈演愈烈，只有作为一个命运共同体的人类的共同胜利才是最终的胜利。因此，积极构建人类命运共同体、共同抗疫才是人类利益最大化的出路。

不仅仅是生物安全，很多安全问题都需要人类命运共同体理念来应对。比如，在经济安全问题上，如国际金融犯罪、金融危机等，全球化使之跨国蔓延，影响范围更广，极大可能引发金融危机，加剧国际金融动荡。为此，成立基于不同国家和地区的金融机构共同体，为金融安全提供保障十分必要。又如，生态安全问题也亟需依靠打造命运共同体来进行应对。随着经济全球化深入发展，人类的经济生活总体日趋改善，但作为经济发展代价的生态问题，如全球气候变暖、臭氧层耗竭、森林锐减、土地荒漠化、大气污染、生物多样性减少、海洋污染等却日趋严重。生态环境一旦面临重大危机，人类将无法生存，任何地域和国家都会遭受生态灾难。因此，在国际层面上，一国为追求短期的经济效益而大肆消耗自然资源、损害全球利益的思维模式需要被摒弃，取而代之，应该建立相互合作的命运共同体，世界各国参与其中，构建全球生态治理体系，这才是保障全球生态安全的出路。另外，在各国国内，通过依靠民众形成共同体，践行绿色低碳生活，也有助于生态安全问题的有效应对。

因此，生物安全、经济安全、生态安全等种种安全问题，都事关人类共同的前途命运，需要各方各国共同合作应对。正如习近平主席2015年在博鳌亚洲论坛上的讲话中所指出的："当今世界，安全的内涵和外延更加丰富，时空领域更加宽广，各种因素更加错综复杂。各国人民命运与共、唇齿相依。当今世界，没有一个国家能实现脱离世界安全的自身安全，也没有建立在其他国家不安全基础上的安全。"

第二节　人类命运共同体的心理基础及其心理促进

首先，"共同体"（community）是什么？滕尼斯在其《共同体与社会》中指出，共同体主要是在建立在自然的基础之上的群体（家庭、宗族）里实现的，此外，它也可能在小的、历史形成的联合体（村庄、城市）以及在思想的联合体（友谊、师徒关系等）里实现，此时，共同体主要是以血缘、感情和伦理团结为纽带自然生长起来的。随着全球化的扩展和通信交通的便利，人与人之间、群体与群体之间联系和交往的纽带已经不再受到传统的血缘和地域的局限，当代共同体的概念逐渐兴起，共同体一词被嵌入新的语境广泛使用，如政治共同体、经济共同体、科学共同体等，共同体成员之间的共同特征也已经弥散到种族、观念、地位、任务、身份、语言甚至文化等方方面面（张志旻 等，2010）。传统的共同体以难以割舍的血缘、地缘等为纽带，那么，当代共同体得以建立的基础是什么？或者说当代共同体依靠什么得以维系？一般情况下，共同体都被认为是利益共同体，成员利益是共同体的主要联结机制，如一个组织、一个社区、一个地区、一个国家甚或是整个人类社会，都可以看作属于不同层次的利益共同体，但一些研究者指出，如果没有共享的价值观念或理念，共同体难以出现或难以持久。张志旻等（2010）认为共同体的形成需具备共同的目标以及身份认同或归属感，其中，共同的目标涉及共同的利益，身份认同与归属感则是情感纽带。共同体概念为人类命运共同体理念的提出提供了理论积淀。

"人类命运共同体"即在攸关人类命运的重大议题上形成的共同体。2011年9月，中国政府发布的《中国的和平发展》白皮书强调："要以命运共同体的新视角，以同舟共济、合作共赢的新理念，寻求多元文明交流互鉴的新局面，寻求人类共同利益和共同价值的新内涵，寻求各国合作应对多样化挑战和实现包容性发展的新道路。"由此看出，人类命运共同体的建立基于两个要素：一是共同利益，二是普遍性价值观。从心理学的视角来看：共同利益指各成员在目标上具有一致性，或者一方目标的实现可促进另一方目标的达成，共同体的形成及合作可帮助成员实现目标与共同利益；普遍性价值观即共同的价值观，是在关乎人类命运的重大议题上，共同体成员关于什么是"好"的、可取的以及关于什么是"不好"的、不可取的看法基本一致。以下对命运共同体的两种心理基础进行具体阐述。

一、共同利益

在马克思看来，人们奋斗所争取的一切都同他们的利益有关，他还形象地指出，"'思想'一旦离开'利益'就一定会使自己出丑"（马克思，恩格斯，1957）。我国史学家司马迁早在《史记·货殖列传》中写道，"天下熙熙，皆为利来；天下攘攘，皆为利往"。不同群体、不同国家都有自己的核心利益，而这些核心利益之间可能是冲突的，不同的团体或国家追求自身私利最终会损害集体或人类的共同利益。

心理学家早已对此类问题展开了研究，以洞悉人性并服务于现实问题的解决。"囚徒困境"和"公地悲剧"就是其中最具代表性的实验。"囚徒困境"实验反映了在面临个体利益和群体利益冲突时，从人类天性上而言，人们更容易选择为一己私利而背叛群体。在囚徒困境中，检察官逐个审问两个合伙犯罪的嫌疑人。由于检察官掌握的证据只能判他们很轻的罪，因此为了使犯罪嫌疑人承认自己的罪行，检察官设置了一些鼓励办法：①如果一个犯罪嫌疑人认罪而另一个没有，认罪的犯罪嫌疑人将获得豁免，他的供词将使另一名罪犯得到严厉判决；②如果两个犯罪嫌疑人都认罪，他们都能得到中等程度的判决；③如果两个人都不认罪，他们都会得到较轻的判决。理性来看，双方采取合作、都不认罪的方案将获得最好的结果。然而，事实上，很多人都会承认罪行，原因在于不管另一个人如何决策，自己认罪总是最有利的选择。也就是说，他们为了自身利益而选择了背叛群体利益。这一实验结果背后的心理现象在现实生活中比比皆是。另外，在面对公共资源时，人们更容易做出何种举动？关于"公地悲剧"的研究揭示了其结果。例如，一项实验要求被试支付同等数量的金钱以种植一片虚拟森林，在实验中被试可通过砍伐虚拟树木获得现金报酬。实验结果显示，无论是在西方文化下还是东方文化下，超过一半的树木都在生长到最佳砍伐时间之前就被抢着砍掉了（迈尔斯，2016）。这一结果表明，在面对公共生活资源诸如共享的生态环境等时，人们更容易做出为获得个人利益而罔顾他人利益的行为。以上实验结果在多种条件下都得到了充分验证，表明一般而言，人是为利益所驱动的，一己之利往往很容易凌驾于集体利益及他人利益之上。

问题的关键在于，我们能否在不同方的利益之间找到平衡和交汇点。纵观近代以来人类自觉或不自觉地形成的大小不同、区域不一的政治、经济、文化甚至军事等各类共同体，它们之所以能诞生并发展，就在于人们认识到彼此之间存在无法割舍的共同利益。一些共同体之所以能展现出生机和活力，是因为共同利益在各方的精心呵护和共同培育下都得到了增长和扩展（梁周敏，姚巧华，2016）。因此，共同体必须是建立在兼顾和平衡各方利益之上的。

二、普遍性价值观（共同价值观）

价值观（value）是用于判断某事物"值得或可取与否"的准则构成的观念系统（黄希庭，2014），是认知判断、情感及行为产生的基础。所谓"共同价值观"，即人类共同体公共的、共享性价值，是在面对和应对共同的问题和挑战中，诸如面对气候变化、恐怖主义、网络安全、重大传染性疾病等全球威胁时，各方存在的一些基本共识。只有各方持有共同的价值观，才会在面对和解决问题时做出一致的决策。

　　较之于以利益为基础形成的共同体，基于共同价值观形成的共同体则更为持久。利益随时都有可能瓦解，因此，以利益形成的共同体总是短暂和不稳定的。但如果存在共同的价值观，即便存在利益冲突，也可以通过谈判协商获得解决。历史学者许纪霖（2017）以东亚共同体和欧洲共同体为例对此做了说明。他认为，东亚曾出现过三种不同的普遍性价值观，但"冷战"之后，这种普遍性价值观不复存在，东亚各国之间只剩下利益的结合或对抗，结合只是短暂的权宜之计，其背后缺乏更深厚的价值共识。因为东亚世界不再有价值的普遍性，因而无论是结盟还是对抗，皆呈现出某种无序、多变和不稳定状态。而20世纪上半叶的欧洲，类似今日的东亚，也是民族国家利益至上，多国博弈对抗，然而，依靠于双重的价值普遍性，一个是历史上所共享的基督教文明，另一个是近代之后的启蒙价值，欧洲共同体得以建立，而如果没有普遍性的价值，很难想象会有一个稳定的欧洲共同体。因此，共同价值观是比共同利益更为持久和深远的共同体确立的基础。

　　价值观存在文化差异，但一些价值观也具有普适性，而后者构成了共同价值观的基础。首先，不同文化下的价值观的确具有差异性。比如，荷兰社会心理学家霍斯菲尔德（Hofstede，1980）对40个国家的72215名被试的价值观进行了比较，并找出了四个价值基本向度：一是权力距离（power distance），指社会中权势较小的组织成员期待和接受权势不平等分配的程度；二是不确定性规避（uncertainty avoidance），指社会中的成员因为事情的模糊性和未知性而感到威胁或回避不确定的程度；三是个人主义对集体主义（individualism versus collectivism），指社会中的成员与其所生存的社会组织之间的关联程度；四是男性气质对女性气质（masculine versus feminality），指社会中性别角色分工的程度。霍斯菲尔德发现，不同国家被试在四个价值观基本向度上的平均得分的确存在差异，比如，结果显示，最具个人主义特点的国家有美国、澳大利亚、英国、荷兰和加拿大，最具集体主义特点的国家有危地马拉、厄瓜多尔、巴拿马、委内瑞拉和哥伦比亚（黄希庭，2014）。然而，不同文化下的价值观尽管有所差异，但也具有某些共享的内容。比如，心理学家罗克奇（Rokeach，1973）认为，个人所持有的价值观数量并不多且所有人都持有相同的价值观，可能只是在程度上存在差异。据此，他提出18个终极性价值观（terminal values）和18个工具性价值观（instrumental values），后者是前者实现的路径。其中，终极性价值观包括了和平的世界、美丽的世界、平等、家庭安全等，显示了不同文化下的人们在关乎人类生存的问题上有同样的目标期待。施瓦茨（Schwartz）延续并发展了罗克奇的理念。在施瓦茨看来，人类有三种普遍的基本需要，即作为生物体个人的需要，社会交往合作的需要，集体生存和福利的需要。价值观是个体在社会化和认知发展过程中对这三种普遍需要的有意识反应（Schwartz & Bilsky，1987）。据此，施瓦茨（Schwartz et al.，2012）也建构了一个具有文化普遍性的价值观模型，包含"博爱—关注""博爱—大自然""社会安全"等19种价值观。该模型具有极大影响力，且在70多个国家中验证了其普遍性。以上研究结果表明，尽管不同文化下的价值观具有一定差异性，但也的确存在一些共享价值观，尤其是在关乎人类生存等关键问题上，人类价值理念具有相当高的契合性。

然而，如何激发这些共同价值理念使之成为优先价值观则成了命运共同体构建中需解决的重要问题。人类命运共同体作为人类主体的一种具体形态，当以人类整体为主体来看待世界上一切事物的价值时，面对这个层面上的所有问题，就形成了人类命运共同体的观念（李亚彬，2019）。尽管不同国家的历史文化背景、经济发展水平、社会政治制度不同，并有着各自的利益，价值观也存在一定差异，但在人类面临的共同问题和挑战面前，各个国家需要从各自的国家主体立场转化为人类主体立场，不能只看到本国利益得失，而要看到全人类的利益得失，从人类整体视角来进行价值判断，如此，才能激发人类所共享的价值观念，形成人类命运共同体。

参考文献

黄希庭. (2014). 探究人格奥秘. 北京: 商务印书馆.

李包庚. (2020). 世界普遍交往中的人类命运共同体. 中国社会科学, 4: 4-26.

李亚彬. (2019). 人类命运共同体的价值理念与构建路径. 中国社会科学报, 2019-2-12.

梁周敏, 姚巧华. (2016). "人类命运共同体"与共同利益观. 光明日报, 2016-10-2.

马克思, 恩格斯. (1957). 马克思恩格斯全集 (第二卷). 北京: 人民出版社.

迈尔斯. (2016). 社会心理学. 侯玉波, 乐国安, 张智勇, 译. 北京: 人民邮电出版社.

许纪霖. (2017). 家国天下: 现代中国的个人、国家与世界认同. 上海: 上海人民出版社.

游旭群. (2018). 构建人类命运共同体, 大学何为. 光明日报, 2018-7-31.

张志旻, 赵世奎, 任之光等. (2010). 共同体的界定、内涵及其生成——共同体研究综述. 科学学与科学技术管理, 31 (10): 14-20.

赵磊. (2020). 共同"抗疫"体现人类命运共同体精神. 人民画报, 2020-2-26.

Hofstede, G. (1980). Culture's consequences: International differences in work-related values. Beverly Hills. CA: Sage.

Rokeach, M. (1973). The nature of human values. New York: Free Press.

Schwartz, S. H., Bilsky, W. (1987). Toward a universal psychological structure of human values. Journal of Personality and Social Psychology, 53

(3): 550−562.

Schwartz, S. H., Cieciuch, J., Vecchione, M., Davidov, E., Fischer, R., & Beierlein, C., et al. (2012). Refining the theory of basic individual values. Journal of Personality and Social Psychology, 103(4): 663−688.